打开科学知识大门
走进奇妙海洋世界

文字生动　图片精美　视频震撼

丁德文 方念乔◎编著

中国少年儿童

海洋百科全书

第一辑

海洋资源宝库

中国出版集团
中译出版社

中国少年儿童海洋百科全书

第一辑

顾　问

金翔龙　中国工程院院士，国家海洋局海底科学重点实验室主任
王　颖　中国科学院院士，南京大学教授，博士生导师，海岸海洋地貌与沉积学家
陆儒德　海军大连舰艇学院原航海系主任，教授
朱大奎　南京大学教授，博士生导师，海洋地质专家
胡　克　中国地质大学（北京）教授，博士生导师
时　平　上海海事大学海洋文化研究所所长，军事理论研究室主任
李　杰　海军军事学术所研究员，全国国防科普委员会副主任
沈文周　国家海洋局海洋发展战略研究所研究员
刘容子　国家海洋局海洋发展战略研究所研究员
贺晓兴　原海南出版社编审，著名图书编撰专家
徐　刚　著名青少年教育专家，中国少先队工作学会理事
李　宁　全国少年儿童海洋教育促进会会长，北京农科院附属小学书记

作　者

丁德文　中国工程院院士，国家海洋局海洋生态环境科学实验室主任
方念乔　中国地质大学（北京）海洋学院原院长，教授，博士生导师

编委会

目录

第一章 生物资源

第二章 药物宝库

第三章　矿产资源

第四章　大洋矿藏

第五章　海洋能发电

第六章　多元素的液态宝库

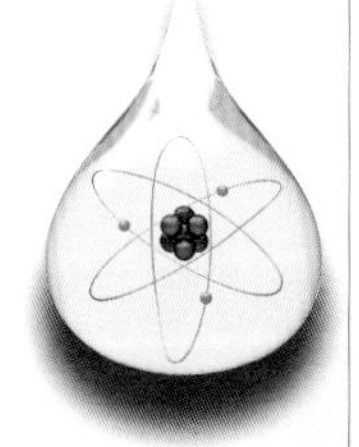

第七章　海洋空间资源

第八章 海洋灾害与生态保护

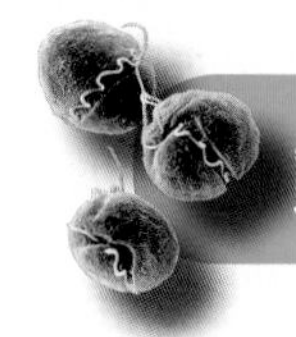

第一章　生物资源

地球上的生命起源于海洋。在这片孕育生命的蔚蓝里，生活着无数种千奇百怪的生物。它们有的凶猛可怖，有的可爱迷人，有的大若屋宇，有的小如尘沙，有的色彩斑斓，有的行踪隐秘……这些海洋生物和我们人类共同组成了地球庞大的生态系统，它们也为我们源源不断地提供着各种生产、生活中的物资原料。

“蓝色宝库”

科学家们都说，我们的地球其实更应该被称呼为“水球”。从太空中看，地球表面大部分都是蔚蓝色的海洋。如此辽阔的空间里蕴藏着数不胜数的宝藏。石油、金银、鱼虾、潮汐能……对人类来说，海洋就是一个巨大而神奇的“蓝色宝库”。

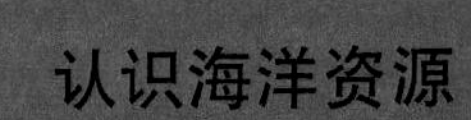

认识海洋资源

海洋资源就是指海洋中的各种资源。这些资源是多种多样的，既包括大家熟悉的各种海洋生物、海洋矿产资源，也包括溶解于海水中的各种化学元素，甚至还包括海水波浪、海水温差和盐差、潮汐及海流所产生的能量。

海洋资源的分类

海洋资源的分类		
	海洋化学资源	食盐、镁砂、溴素、铀、锂、苦卤等
	海洋生物资源	鱼、虾、贝、藻类、海洋药材等
	海洋矿产	石油、天然气、煤、硫、磷、滨海砂矿、多金属结核、海底热液矿、可燃冰
	海洋能源	温差能、波浪能、潮汐能、海流能、盐差能、岸外风能、海洋生物能和海洋地热能
	空间资源	交通运输：海港码头、海底隧道、海上桥梁、海底管道、海上机场
		生产空间：海上电站、人工岛、海上石油城、海洋牧场
		通信电力输送空间：海底电缆、海底光缆
		储藏空间：海底货场、海底仓库、海上油库、海洋废物处理场
		文化娱乐空间：海洋公园、海滨浴场、海上运动休闲区

你知道吗？

为什么人们渴望开发海洋资源

据统计，目前陆地上可供开采的石油和天然气最多只能够人类利用50年左右，而金、银、铜、锌等有色金属资源储量还不够人类利用30年。此外，全球有80多个国家，15亿人口面临淡水不足的危机，这些资源，海洋里的储量非常丰富。因此，人们才如此渴望开发富饶的海洋。

海洋生物

海洋生物究竟有多少种？这个问题连海洋学家都回答不上来。仅据统计，目前全球已知的海洋生物约有 25 万种，这个数字还在随着研究的不断深入而增加。为了便于了解和研究，科学家们把海洋生物分为了海洋动物、海洋植物、微生物及病毒等几大类。

海洋植物

海洋里也有植物吗？当然有！海带、紫菜、红树等藻类和种子植物就是大海里的"花草树木"。这些植物就像是陆地上的林木花草，给鱼、虾等海洋动物提供着食物和营养。不仅如此，这些海洋植物还为人类提供了许多食物，是我们的工农业生产和生物制药的重要原料。

软体动物

海洋软体动物是海洋动物中的一个大家族，这个家族有 10 万多个成员，从赤道到极地都有分布。我们餐桌上常见的乌贼、章鱼、扇贝等都是海洋软体动物。它们肉味鲜美，营养丰富。

鱼类

海洋鱼类无疑是人们最熟悉的海洋生物，它们约占世界海洋渔获量的 80%，在海洋生物链中具有举足轻重的地位。除了成为餐桌上的美食以外，部分海洋鱼类还是重要的工业原料，有些鱼的内脏或毒素还可以用来提取制成各种生物制剂。

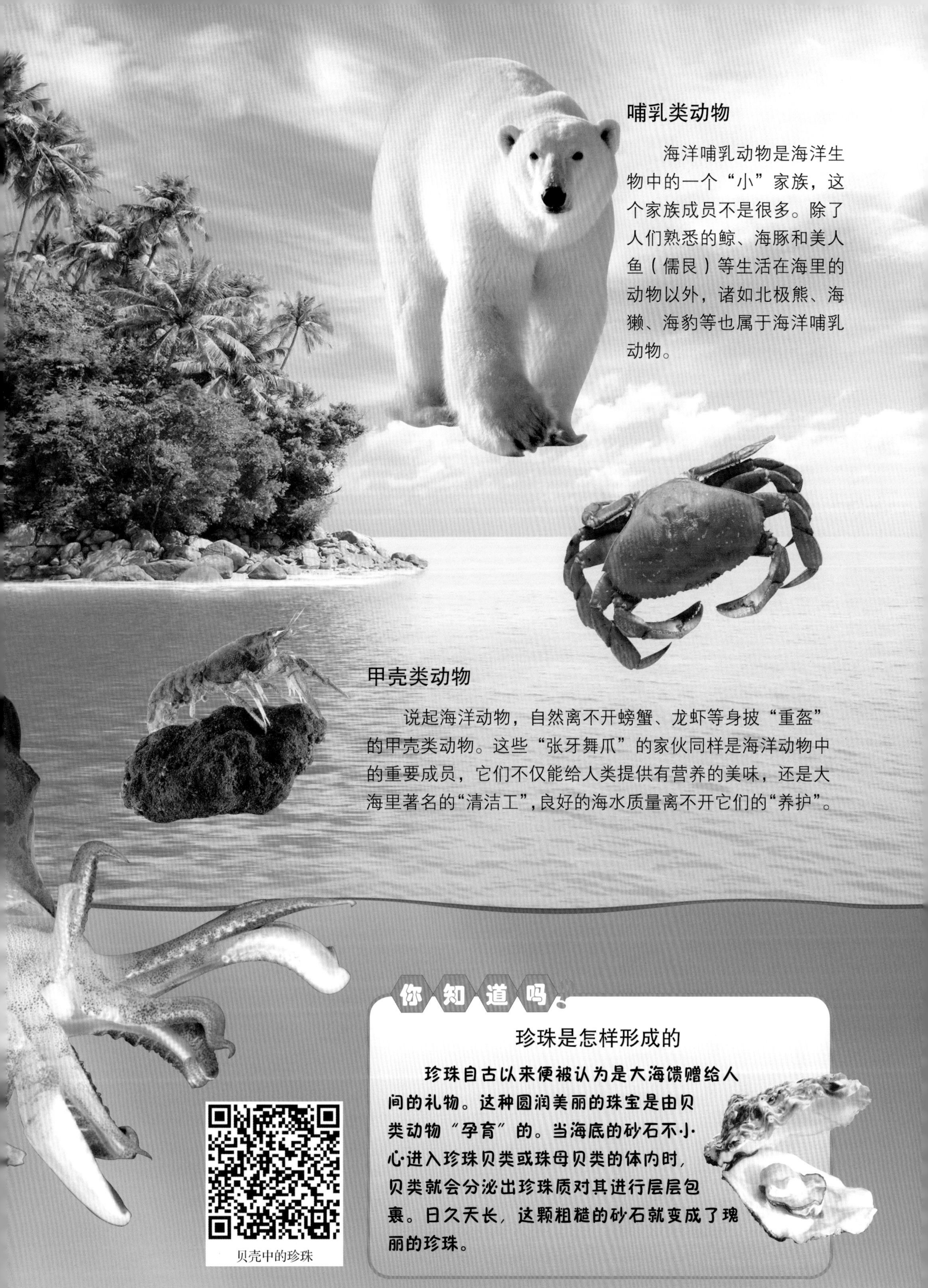

哺乳类动物

海洋哺乳动物是海洋生物中的一个“小”家族，这个家族成员不是很多。除了人们熟悉的鲸、海豚和美人鱼（儒艮）等生活在海里的动物以外，诸如北极熊、海獭、海豹等也属于海洋哺乳动物。

甲壳类动物

说起海洋动物，自然离不开螃蟹、龙虾等身披“重盔”的甲壳类动物。这些“张牙舞爪”的家伙同样是海洋动物中的重要成员，它们不仅能给人类提供有营养的美味，还是大海里著名的“清洁工”，良好的海水质量离不开它们的“养护”。

贝壳中的珍珠

你知道吗

珍珠是怎样形成的

珍珠自古以来便被认为是大海馈赠给人间的礼物。这种圆润美丽的珠宝是由贝类动物“孕育”的。当海底的砂石不小心进入珍珠贝类或珠母贝类的体内时，贝类就会分泌出珍珠质对其进行层层包裹。日久天长，这颗粗糙的砂石就变成了瑰丽的珍珠。

海洋渔业

千万年前，人类已经开始在海洋中捕捞水产品果腹。后来，聪明的人们开始尝试养殖海产品。到现在，海洋渔业已经发展成为捕捞、养殖、海产品加工贸易一体化的巨大产业链。不过，海洋渔业的迅速发展也带来了过度捕捞、资源枯竭、养殖污染等诸多问题。

休渔制度

人们长期无节制的捕捞给海洋渔业资源带来了严重的伤害。为了让大海里的鱼类拥有充足的繁殖和生长时间，能够恢复正常的种群数量，政府规定在每年特定的时段内禁止在特定海域内捕捞，这就是休渔制度。

你知道吗？

中国“渔”字的由来

甲骨文是中国最古老的文字，左边就是甲骨文中的“渔”字，它的左半部分仿佛一根钓竿，右半部分就像一张渔网。这个古老的文字证明早在4000~10000年前，我国的渔民就已经开始进行渔业捕捞。

休闲渔业

休闲渔业是把旅游、观光、娱乐、运动等休闲活动与现代渔业有机结合而造就的新型渔业方式。人们既可以直接参与渔业生产，亲身体验渔猎活动，又能游玩度假，品尝美味佳肴。

拓展

消失的纽芬兰渔场

纽芬兰渔场曾是世界四大渔场之一，这里以前渔业资源异常丰富，享有“踩着鳕鱼群的脊背就可上岸”的美称。然而，经过几个世纪肆无忌惮的捕捞，纽芬兰渔场的鳕鱼几乎被屠戮一空。即便后来实行了 10 年的禁渔令也没有一点儿恢复。自此，曾经养活了整个欧洲大陆的纽芬兰渔场消失了。

围网捕鱼

海洋渔场

鱼类或其他水生经济动物每年在一定的季节都会聚集成群游过或停留在某一片水域，这种水域就是渔场，渔场非常适宜人类开展渔业活动。我国海岸线漫长，入海河流众多，近海大陆架宽广，海流系统复杂，拥有众多海洋渔场。

舟山渔场

舟山渔场位于东海北部，长江口以南，是中国最大的近海渔场，也是与俄罗斯的千岛渔场、秘鲁的秘鲁渔场齐名的世界级大渔场。舟山渔场水产资源非常丰富，共有鱼类 300 余种，这里的大黄鱼、小黄鱼、带鱼和墨鱼享誉整个亚洲。

人工鱼礁和“海底森林”

鱼类非常喜欢聚集在海底的礁石附近栖息活动、生长繁殖。因此，人类在适宜的海区投放一些大石块、旧船等障碍物，构造出人工鱼礁来吸引鱼群停留。不仅如此，人们还尝试在海底“植树造林”，种植各种海藻，制造出庞大的“海底森林”，给鱼类营造良好的生存环境。

人工鱼礁

我国四大渔场

中国拥有四大渔场，它们分别是黄渤海渔场、舟山渔场、南海沿岸渔场和北部湾渔场。黄渤海渔场位于渤海和黄海海域；舟山渔场分布于浙江舟山群岛附近海域；南海沿岸渔场分布在广东沿海；北部湾渔场则位于南海西北部的北部湾海域。

海洋百科

世界四大渔场

曾经，世界四大渔场是日本的北海道渔场、加拿大的纽芬兰渔场、欧洲的北海渔场和南美洲的秘鲁渔场。后来，随着人类的无节制捕捞，纽芬兰渔场已经消失。现在人们将世界四大渔场广泛定义为北太平洋渔场、东南太平洋渔场、东北大西洋渔场和东南大西洋渔场。

拓展

为什么它们能成为中国四大渔场

黄渤海渔场、舟山渔场、南海沿岸渔场和北部湾渔场都地处大陆架海域，这里海水较浅，光照充足，浮游生物异常丰富，是鱼类栖息生活的良好场所。除此以外，这四个渔场都位于海洋寒流和暖流的交汇处，这里能形成阻碍鱼群离开的“水障”。正是这众多优良条件，才造就了中国四大渔场。

远洋渔业

远洋渔业就是远离本国渔港或渔业基地，在遥远的远洋深海或者其他国家海域从事捕捞活动的事业。凭借庞大的捕捞船队和先进的设备，远洋渔船一次就能外出工作好几年，获得极高的渔获量。

南极磷虾捕捞

南极磷虾不仅蛋白含量高、营养丰富，而且资源量巨大，有“世界未来的食品库”之称。目前，许多国家的远洋船队已经将目光投向了这个前景巨大的捕捞对象。

你知道吗？

不远万里捕捞的原因

人们之所以发展远洋渔业，主要是因为近海渔业资源日益枯竭。由于人类过度捕捞，许多国家近海海域已经出现了大面积的“无鱼”现象。为了满足人们的海产品需求，远洋渔业开始蓬勃发展。

远洋渔业的优势

远洋捕捞不仅能缓解近海渔业资源枯竭压力，还能够拉动渔船修造、水产品加工、渔港贸易等相关产业的发展，为千万人提供就业机会。

拓展 我国近海枯竭的渔业资源

几十年前，我国近海渔业资源还相当丰富。那时，渔民尽管驾驶破旧的木船出海打鱼，也能收获许多大黄鱼、小黄鱼、尖吻鲈、海鲇等高经济价值鱼类。后来，随着人们毫无节制地捕捞，我国近海渔业资源在短短几十年内濒临枯竭，甚至许多鱼类近乎灭绝。正是出现这种状况，我国才不得不大力发展远洋渔业。

远洋捕捞的方式

国际上远洋捕捞的主要作业方式包括拖网作业、围网作业、延绳钓作业和鱿鱼钓作业等几种。其中围网捕捞是当前许多远洋渔业发达国家的主要作业方式，其捕获量占到全球的70%左右。

拖网捕鱼

先进的远洋捕劳设备

远洋渔业机械化、自动化程度比近海渔业高得多。在一个远洋捕捞船队里，不仅拥有助渔、导航仪器设备先进、完善，续航能力较强的大型加工母船（配有冷冻、冷藏、水产品加工、综合利用等设备），而且还拥有许多捕捞子船、加油船和运输补给船。

人工养殖

既然大规模海洋捕捞不是长久之计，那么发展人工养殖就成为海洋渔业的必然选择。聪明的人们早已开始利用浅海、滩涂、港湾、围塘等海域去饲养和繁殖海带、紫菜、贝类、鱼虾等海产品了。

海参

海参是海洋中的名贵水产品，这种已经在地球上生存了6亿年的动物营养非常丰富，味道十分鲜美，是中餐灵魂食材之一。我国海域自古以来就盛产海参，也早已能够进行人参的人工养殖。

海带

海带因为味道鲜美、价格低廉而一直深受人们的喜爱。中国的海带最早是从日本引进的。现在，我国已经成为世界上养殖海带规模最大的国家，海带年产量可达50万吨，占世界总产量的一半左右。

你知道吗？

中国的四大海产

我国领海面积辽阔，海岸线漫长，鱼类资源非常丰富，其中大黄鱼、小黄鱼、乌贼、带鱼尤为出名，被称为中国的四大海产。

贝类

说起海产品，自然离不开蛋白质丰富的贝类。中国拥有 900 多万亩滩涂，这为发展贝类养殖提供了良好的自然条件。我国的泥蚶、毛蚶、蛤蜊、竹蛏等贝类的产量非常高，养殖技术已经相当成熟。

珍珠贝

天然的珍珠数量稀少且形成困难，于是人们就采用人工养殖珍珠贝的方式自己“种”珍珠。选择浪静水清、温暖流畅、海水盐度适当、饵料丰富的海域投放珍珠贝幼苗，等它们长大给其肚子里“种植”珍珠核，几个月后，珍珠就慢慢“长”出来了。

拓展 墨汁加工的食品

乌贼肚子里有一个墨囊，里面装着浓黑的墨汁，在遇到敌害时能迅速喷出墨汁染黑海水掩护自己逃脱。可是你知道吗？乌贼的墨汁还是一种很好的食品添加剂，它不仅能用来加工面包、凉粉、鱼糜等食品，还能抑制癌细胞，也是上好的止血药材。

人工养殖

海洋藻类

海藻是生活在海洋中的藻类，它们结构简单，不开花结果，也没有根、茎、叶的分化。从高达几百米的巨藻，到显微镜下才能看得见的硅藻，海洋中生活着上万种形态各异的藻类。它们是海洋动物们主要的食物来源，是海洋生物链的基础，也给人类提供了众多食物和药品原材料。

海洋巨藻

巨藻是藻类王国中的“巨人”，它们通常有 70~80 米长，最长的可达 500 米。作为世界上生长速度最快的植物，巨藻一年便可从种子生长到六七十米长，是人们种植“海底森林”的主要“树种”。

红海为什么是红色的

红海的海水特别咸，使得红海束毛藻成为优势物种。这些藻类是红色的，海水自然也就被映照成红色，红海也因此而得名。

螺旋藻

螺旋藻在海水和淡水中均有分布，因其螺旋状的外形而得名。早在 16 世纪，墨西哥当地的阿兹特克人就经常将螺旋藻做成薄饼食用。科学家实验证明，螺旋藻具有减轻癌症放疗、化疗的毒副反应，增强免疫功能，降低血脂等功效，是一种良好的保健品。

能生产类胡萝卜素的微藻

人们通常把体型微小，凭借显微镜才能观察到的藻类称为微藻。这些藻类分布广泛、营养丰富，是生产类胡萝卜素的最佳来源。凭借这个本领，微藻能够抗炎、抗癌、调节免疫功能，还可用来制作着色剂和色素添加剂。

封闭式光生物反应器是养殖微藻的专用设备

海带丛林

拓展　海藻治污

海藻能够有效吸附重金属离子，对于海水中的重金属污染物具有非常好的治理效果。随着工业的发展，人类向大海排泄的重金属污染物越来越多，科学家们已经开始着手研究如何利用海洋藻类去治理重金属元素污染。

红藻

红藻在热带和亚热带近海广为分布，种类众多。因体内含有大量藻红素，所以红藻大都呈鲜红、紫红、深红色，十分美丽。我们常见的紫菜就属于红藻。除了食用以外，红藻还可用于医学、纺织、食品等领域。

海洋牧场

海洋牧场是人们在海里营造的自然“牧场”。选择适当的海域，运用海洋生物技术和现代化管理手段，把鱼、虾、贝、藻等海洋资源进行合理的海上放养。这样的养殖方式完全遵循自然规律，是未来海洋渔业可持续发展的必然选择。

獐子岛海洋牧场

獐子岛海洋牧场是我国最大的海洋牧场，它位于黄海北部、辽东半岛最南端。这片生态海洋牧场面积超过 1000 平方千米，投放人工鱼礁无数，盛产扇贝、海参、鲍鱼等各种名贵水产，每年收入超过 10 亿元人民币。

海洋实行农牧化

无论是海洋捕捞还是海水养殖，都很容易造成生物资源破坏和海水环境污染。为了让海洋能够世世代代给人类提供营养，世界各国开始重视海洋农牧场的开发，运用先进的技术发展高水平的渔业生产。目前，日本、美国等发达国家的海洋农牧化已经颇有成效。

海水增养殖

海水增养殖业是海洋渔业的新兴重点产业。这种养殖方法不以人工投放养殖为手段，而借助人为措施，促进天然水域内生物的自然繁育和生长，从而保护和扩大渔业生产。目前，我国浅海水域已经建立了成熟的海产增养殖产业链。

未来的粮食基地

目前，整个世界范围内的渔业资源都面临着过度捕捞的威胁。同时，随着人口数量和人类生活水平的提升，对粮食的需求量也越来越大。海洋牧场凭借储量巨大的海产品、生态自然的发展模式，将会成为人类未来的粮食基地。

拓展 世界上第一个海洋牧场

日本一直是世界海洋渔业大国。为了应对渔业资源日渐匮乏的形势，1971 年，日本提出了建设海洋牧场的构想。经过 10 年的努力，日本黑潮牧场，也是世界上第一个海洋牧场建立成功。20 年过去了，当地几乎完全绝迹的大麻哈鱼产量已猛增到年产量 5500 吨。

海洋百科

海底田园化

海底田园化就是在一片海域内设置人工鱼礁，推动鱼类和藻类聚集生活，使之成为人类耕海牧鱼的田园。

第二章　药物宝库

浩瀚的海洋不仅维持着地球气候，为人类提供食品、能源和矿产，还是人类未来的大药房。从 2000 多年前起，人类就开始发现并使用海洋生物入药。目前，科学家们从海洋生物中提制的药品已达 2 万余种，这个数目还在不断增长。海洋药物宝库名不虚传。

抗癌药物

全世界每年有超过500万人因为癌症而死亡，癌症已经成为人类健康的一大杀手。为了战胜癌魔，人们付出了巨大努力。近年来，医药学家发现许多海洋生物都能提取出抗癌药物。也许不久的将来，癌魔会被这个发现所打败。

河豚——新生油

河豚的毒素聚集在肝脏和血液里，如果食用时不注意就很有可能引起生命危险。不过，河豚的“毒肝”被科学家们制成了“新生油”药物，这种药物可用于治疗食道癌、胃癌、鼻咽癌及结肠癌。

有用的餐桌废弃物

大家吃海鲜肯定不会吃虾、蟹的壳，它们自然也就成了餐桌上的废弃物。近年来，日本科学家从虾、蟹壳中提取了一种被称为NACOS-6的物质，它能够增强细胞的活性，还能用于治疗癌症。这些餐桌上的废弃物终于可以扬眉吐气了。

岩沙海葵毒素

岩沙海葵毒素是软珊瑚、岩沙海葵、玫瑰海葵等多种海洋腔肠动物体内的一种毒素，它毒性极高，能够轻易夺走人类的生命。不过，这种可怕的毒素具有很高的抗癌性和很强的溶血作用，它有望成为高效的新型抗癌化疗药。

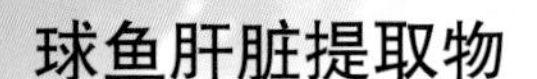

球鱼肝脏提取物

球鱼是一种圆形的海鱼。科学家们从它的肝脏中提取出了一种镇痛新药，可用于解除晚期癌症患者的疼痛感，效果非常理想。

海洋抗癌药物种类

从 20 世纪 60 年代开始，科学家们陆续从海绵、珊瑚、海鞘、海兔、海藻等海洋生物中分离得到大量抗癌活性物质。目前，海洋抗癌药物已经细分为海洋动物类药物、海洋植物类药物和海洋微生物类药物三大类。

拓展 新型海洋抗癌药物

科学家们证明，现已发现的海洋生物提取物中至少有 10% 都具有抗癌功能。海洋抗癌药物的研究已经硕果累累。目前，仅我国已经获批上市的海洋抗癌药物就有依托泊苷、角鲨烯、甘露醇芥等。

海绵动物

海绵——海绵素

海绵是一种古老原始的低等动物，它们形态多姿、颜色瑰丽，仿若海底的植物。科学家们从海绵动物身上提取出一种新型抗癌药物。这种药物能够对抗产生耐药性的癌细胞，对乳腺癌、肺癌、前列腺癌和结肠癌的治疗有重要意义。

守护心脑血管

你知道吗？每年因为患心脏血管和脑血管疾病死亡的人数比癌症还要多。对这种疾病进行预防和治疗已经成为近些年医学界探索的重大课题。随着海洋生物科学的发展，人们从众多海洋生物身上发现了大量能够治疗心脑血管疾病的药物成分。

“海底牛奶”——牡蛎

牡蛎也就是我们常说的生蚝。因为味道鲜美，营养丰富，牡蛎素有“海底牛奶”的美称。不仅如此，牡蛎还有良好的食疗效果，既能美容，又能降血压，还能保护心脑血管，被视为健美强身的好食材。

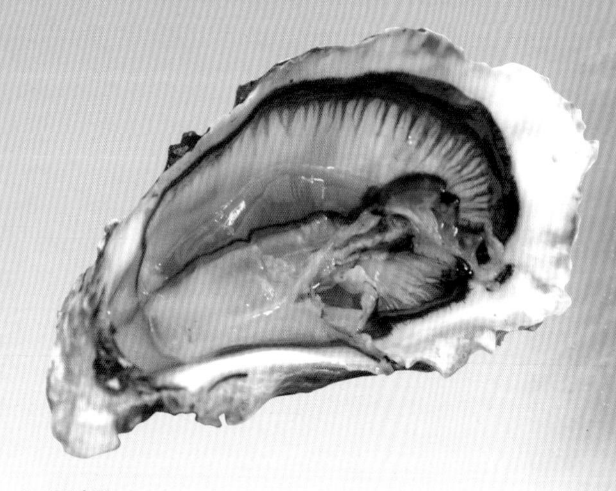

珊瑚虫在摄食

七星鳗

七星鳗是我国沿海的一种常见鱼类，它肉质洁白，味道鲜美，深受广大垂钓客的喜爱。七星鳗不仅对于预防心脑血管疾病有很大的作用，而且是治疗结核病的一味良药。

珊瑚虫

建造珊瑚礁的小珊瑚虫也能入药。你能想到吗？日本已经从珊瑚虫体内提取出了一种能治疗脑血管硬化的药物。

海洋星虫

海洋星虫居住在海底的洞穴内，它们身体柔软，展开似星芒状，因而得名。星虫家族部分种类（如沙虫）可以食用，营养丰富，具有抗菌、抗病毒、防癌、延缓衰老及保护心脏血管等作用，被誉为“海洋虫草”。

海洋百科

深海鱼油

深海鱼油就是从深海鱼类体内提炼出来的鱼油。因为富含健脑益智的 DHA（二十二碳六烯酸）和益于血液循环的 EPA（二十碳五烯酸）两种成分，深海鱼油堪称预防心脑血管疾病方面的灵丹妙药。

拓展

血管清道夫

人类的血管就像一条条输送血液的通道。很多心脑血管病人之所以得病，就是因为这些通道被体内的胆固醇和甘油三酯堵住了。许多海洋生物体内含有清理这些通道的物质，它们能够医治心脑血管疾病。

鲨鱼软骨

凶猛无比的海洋霸主鲨鱼也能给心脑血管病人带来福音。鲨鱼身上的软骨俗称鱼脑，具有治疗癌症、提高免疫力、改善骨质疏松、治疗心血管疾病和预防脑血栓等保健作用。

新型抗菌药

细菌和病毒在我们的生活中无处不在，它们中的一些是著名的“隐形杀手”，能够引发各种疾病。人类为了对付它们，研制了各种抗生素，可没想到它们竟然进化出了抗药性，继续肆虐，影响着我们的健康。幸而，科学家们近些年从海洋生物体内发现了不少可研制新型抗菌药物的物质，制成的药物成为对付细菌和病毒的新武器。

珊瑚——鹅管石

五光十色的珊瑚不仅是可供观赏的天然艺术品，还具有很高的药用价值。治疗肺结核和痢疾的中药“鹅管石”实际上就是珊瑚。不仅如此，近年来科学家们还从柳珊瑚和鹿角珊瑚中分离出具有抗菌、抗酵母及抗原生动物等作用的物质，用以制成新型药物。

蚶类——瓦楞子

蚶类俗名“瓦楞子”。虽然名字土气，可是它们是一味良好的中药。不仅如此，科学家们还从蚶类中提取出一种新型抗菌药物，对葡萄球菌和大肠杆菌有很强的抑制作用。

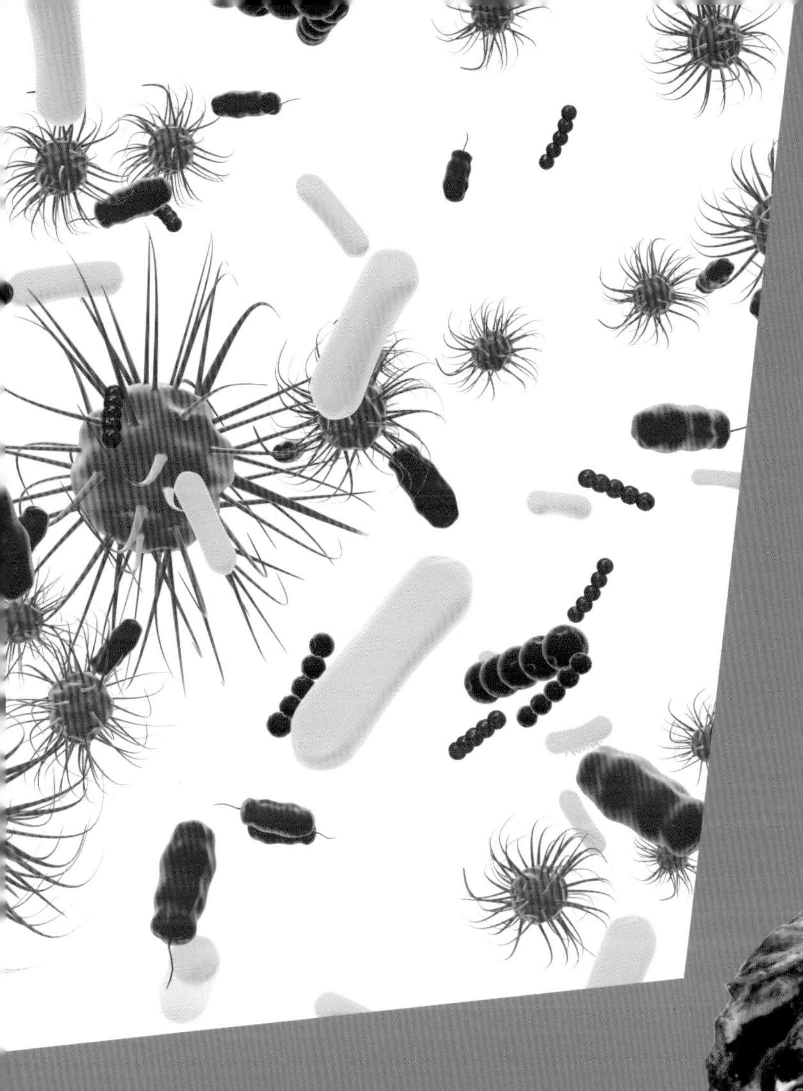

你知道吗

细菌的作用

虽然许多细菌和病毒给人类的健康带来了巨大危害，可大多数细菌是有益的，正因为有了它们，人类和动植物们才能在地球上生存繁衍。

鲍鱼——黏蛋白

作为著名的海中珍馐，鲍鱼不仅味道鲜美，而且具有预防脊髓炎的功效。此外，鲍鱼肉中能够提取出一种黏蛋白，它具有抑制链球菌、葡萄球菌和创疹病毒的作用。

河豚——鱼精蛋白

河豚素以味道鲜美和含有剧毒著称。最近，科学家们发现河豚的精巢中可以提炼出一种鱼精蛋白，它对于引起痢疾、伤寒、霍乱等的细菌具有抗生作用。

有用的毒素

海洋中生活着众多携带剧毒的生物，有时候它们身上的一丁点儿毒素都可以轻易杀死一头大象。不过，这些生物身上的剧毒却是科学家们最喜欢的东西。因为这些毒素可以用来治病，而且往往毒性越强，治病效果越好！

海石花毒素

海石花是脊突苔虫或瘤苔虫的干燥骨骼，外表很像珊瑚。从海石花中可以提炼出一种毒素，虽然毒性剧烈，却是治疗白血病、高血压、天花、肠道溃疡和一些癌症的有效药物。

芋螺毒素

芋螺又名鸡心螺，它身披色彩斑斓的美丽外壳，看起来异常漂亮。然而，这种美丽的动物却藏有毒牙，可以分泌出剧毒的神经毒素，能够让受伤者“平静”地死去，十分可怕。科学家们从芋螺体内提炼出毒素，用以开发新型麻醉药和镇痛药。

海蛇毒素

色彩斑斓的海蛇是大海中著名的“毒王”，它们所含的毒素远比陆地上毒蛇含有的毒素高得多，人一旦被咬伤很容易死亡。然而，海蛇体内的毒素却是研制镇痛药的绝佳材料，癌症晚期患者凭借它能够有效减轻痛苦。此外，它还可以用来制作抗蛇毒血清，治疗毒蛇咬伤。

河豚毒素

民间素有“拼死吃河豚”的说法，这是因为河豚虽然肉味鲜美，可内脏和血液含有剧毒，一不小心误食就可能引发中毒甚至死亡。不过河豚毒素能制成良药，它不仅能用来止痛，还能用来制作麻醉药、降压药和抗心律失常药。

漂亮的河豚

“绿色杀虫剂”——沙蚕毒素

沙蚕是一种生活在海滩泥沙中的蠕虫，也是海钓的绝佳饵料。沙蚕的体内可以分离出沙蚕毒素，这种毒素可以用来制作“绿色杀虫剂”，不仅能够高效杀虫，而且毒性还很低，不危害人体健康。

骨骼与皮肤

骨骼和皮肤是人身上非常重要的组成部分。骨骼可以支撑和保护我们的身体，也是我们运动的依靠。皮肤是人体最大的器官，也是让我们免受伤害和病毒、细菌侵袭的“保护罩”。你知道吗？一旦骨骼和皮肤受损，海洋生物们可以帮助到我们。

甲壳质敷料

皮肤出现损伤后，很容易被细菌感染。生物学家利用海洋动物的甲壳质研制了医用敷料，只需要覆盖在伤口上，就能起到止血和抑菌的作用，还可以促进伤口愈合和组织修复再生。

你知道吗？

以假代真的珊瑚骨骼

珊瑚的成分与人体骨骼有许多相似之处。因此，珊瑚骨骼是修复人骨极佳的原料。法国科学家最先将珊瑚代替骨骼植入人体内，发现珊瑚人工骨能和人体内本来的骨骼良好地融合在一起。如今，珊瑚已经取代了合成材料，成为人体骨骼的主要替代物。

人工皮肤

人工皮肤是人工研制的用来修复、替代缺损的皮肤组织的代用品，它一般由鲨鱼等海洋生物的软骨或甲壳质来制造，可以用于治疗烧伤、烫伤患者，减轻患者的痛苦。这类人工皮肤具有良好的亲和性，并且无毒副作用，临床使用中反应良好。

虾、蟹壳手术线

我们平时吃虾、蟹，都会把外壳丢掉。你知道吗？这此丢掉的“垃圾”竟然是一种良好的医药原料。科学家们从虾、蟹壳中提取物质制作成了手术缝合线。这种手术线不仅具有一定的抑菌能力，可以加速伤口愈合，而且能够被人体吸收，不需拆线。

海中的龙虾

骨骼移植

骨骼受损无疑非常影响人们的生活，不过幸好，医学家们发明了骨骼移植手术。珊瑚石是良好的骨骼移植材料，用它塑形后代替骨骼不仅坚硬耐用，而且不会出现排斥反应。迄今为止，已经有超过 10 万名患者接受了珊瑚石的移植治疗。

拓展

深海生物基因资源

生物学家利用海洋生物的基因，尝试培育出了优良的养殖新品种，能够从根本上解决海水养殖生物“质”“量”“病”的问题，同时还有助于开发海洋基因工程新药。

代用血浆

血液是人体的“生命之河”，它是人类存活的根基。血液大量流失非常容易导致休克或死亡。此时，输血就成了最有效的抢救措施。然而，血液储存难，血液配型也难，很多时候病人因为这些原因导致抢救不及时而死亡。幸好，科学家们研制了代用血浆，一定程度上挽救了病人的生命。代用血浆的研制，也有海洋生物的功劳。

代用血浆

代用血浆是一种分子量接近血浆白蛋白的胶体溶液，输入血管后依赖其胶体渗透压而起到代替和扩张血容量的作用，可用于治疗失血性休克。代用血浆必须对人体无毒无害、无抗原性，输入血管后不影响人的正常新陈代谢。目前常用的代用血浆有右旋糖酐、羟乙基淀粉、明胶，但这3种输用量过多时会造成凝血机能障碍、肾功能损害和过敏反应。

血浆

血液可以分为血细胞和血浆两部分。血细胞负责吸收氧气、免疫杀菌和止血，血浆就像一条河流，负责对血细胞进行运输，让它们供应人体生命活动所需的物质，此外血浆也负责运输人体内产生的废物等。

拓展 为什么动物血浆不能用在人身上

输血有非常严格的要求。一旦血型不适配，输进身体的新血液就会跟原本的血液产生“冲突”，引发人体一系列免疫或过敏反应，导致生命危险。因此，动物的血浆不能起到代用血浆的作用。

海盘车明胶代用血浆

医院在抢救危急病人时，会使用橙黄色的透明液体，这就是海盘车明胶代用血浆。这种代用血浆从棘皮动物罗氏海盘车身上提取，在抢救病人时发挥着非常重要的作用。

褐藻胶代用血浆

我们熟悉的海带、裙带菜、鼠尾藻、羊栖菜等海洋褐藻也是代用血浆的重要提取来源。生物学家从褐藻身上提取了褐藻胶，再经过一系列加工便成为褐藻胶代用血浆。这种代用血浆对人体影响小，对循环系统有很好的调理作用，并能加快排出体内毒素。此外，它还有升压效果，能够防止血液浓缩，促使血液正常流动。

生物制药

海洋生物制药是指应用海洋生物来研制药物的过程，这是一种新兴的生物制药工业，当前正处于快速发展阶段。目前，海洋生物制药的研发方向主要有：抗肿瘤药物、心脑血管药物、抗病毒药物和抗菌抗炎药物。

著名中草药——海马

海马自古以来就是一味名贵的中草药，素有“北方人参，南方海马”之称。海马不仅能强身健体、消炎止痛，还能用于治疗神经系统疾病。

爬行中的鲎

鲎试剂的妙用

鲎是地球上最古老的海洋动物之一，享有“活化石”的美誉。生物学家从鲎的蓝色血液中提取制成了鲎试剂，它不仅能用于快速检测人体内部组织是否被细菌感染，还能监测食品和药品工业中的毒素污染。

止血良药——乌贼骨

无针乌贼和金乌贼的身体内壳被称为乌贼骨，又称海螵蛸。这是一种著名的中医止血药。此外，它也能明显促进骨骼缺损修复，也具有抗辐射、抗肿瘤、抗溃疡等作用。

你知道吗？

海洋里的中药

中医和中药是中华民族最伟大的发明之一。从数千年前开始，中医就已经开始从海洋生物中提取各种药材。诸如乌贼骨、海星灰、鲍鱼壳、玳瑁、球鱼肝、珊瑚、七星鳗、海带、石花菜、海人草、马尾藻等都是著名的中药材。

海中人参——海参

海参不仅是珍贵的食品，还是名贵的中药材，古人发现“其性温补，足敌人参”。目前，西医也已经发现了海参的另外一项重要功能——修复再生。这种海洋珍馐已经成为医药生物学界的“宠儿”。

美容圣品

爱美是人类的天性，海洋给全世界爱美的人提供了一份取之不竭的宝藏——美容品。海藻、海泥，还有许多海洋生物中都含有丰富矿物质或维生素，能保持肌肤的湿润和细胞的活力。

海水珍珠粉

珍珠自古以来就是养颜圣品，具有养颜美肤、延缓肌肤衰老，祛斑、祛痘、抗皱，增强肌肤光泽和弹性等多种美容功效。海水珍珠历经海洋矿物质和营养成分的孕育，有机质含量极高，是绝好的美容保健品。

拓展

海藻泥的妙处

人们利用海藻泥提取物制作成了海藻面膜，长期使用能够使肌肤更有弹性和活力。现在，这种面膜已经成为广大爱美人士的护肤佳品。

来自海洋的护肤品

海洋中蕴含着丰富的微量元素，这些微量元素早已融入了众多海洋护肤品之中。海藻、鱼子酱、深海琥珀等各种来自海洋的护肤品都因拥有美白、抗衰老等作用被人们所推崇。可以说，海洋护肤品的黄金时代已经悄然来临。

海藻

海藻在美容保健方面拥有悠久的历史。凭借丰富的矿物质成分，海藻能够调整皮肤分泌的油脂含量、保持皮肤滋润、促进肌肤新陈代谢、增强皮肤免疫力、对抗老化……可谓美丽肌肤的万能钥匙。

海水美容

海水本身就含有大量矿物质和营养物质，经常进行海水浴不仅能消除疲劳，提高机体免疫力，而且还能调节新陈代谢，改善血液循环，保护心脑血管系统。

海水浴

第三章　矿产资源

作为地球上最大的空间，海洋无疑是一个巨大的资源宝库。除了为人类提供丰富的食物和药物资源外，海洋矿产也吸引着人们。陆地上的矿物资源日益枯竭，埋藏着无数煤炭、石油、天然气、滨海砂矿等资源的大海已经成为人类未来的“聚宝盆”。

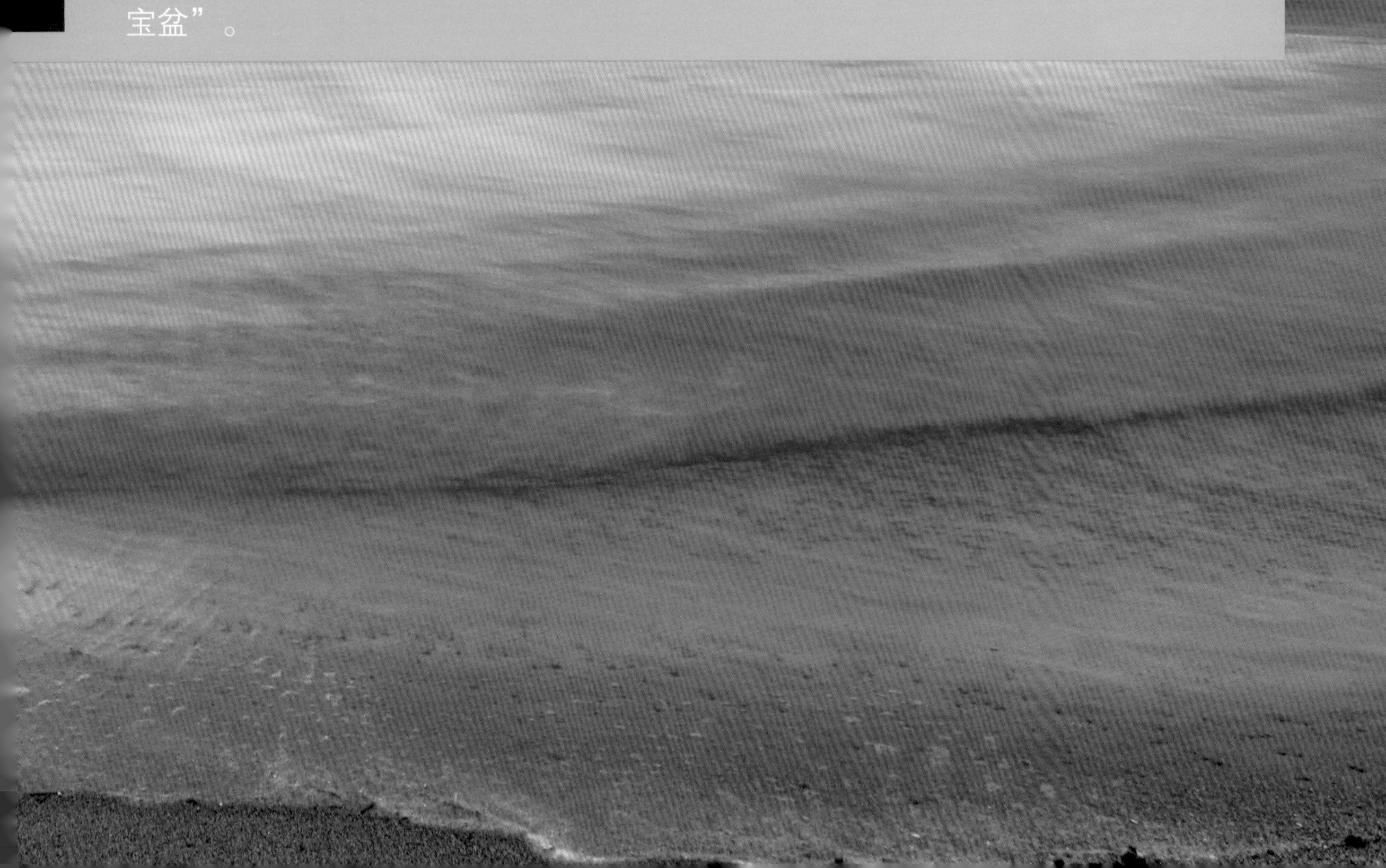

煤炭

远古的植物因为地壳运动被埋藏在地下，历经数十万甚至数百万年的复杂变化，就成了我们熟悉的煤炭。从 18 世纪以来，煤炭就是人类世界使用的主要能源之一，它也因此被誉为“黑色的金子”和“工业的食粮”。我国是世界上最早利用煤的国家，也是世界上煤产量最高的国家之一。庞大的煤炭使用量让我们开始把目光投向大海。

煤炭的用途

煤碳的用途十分广泛，它既是燃料，也是重要的工业原料。除了生活燃烧使用之外，煤炭在工业上主要用于发电、钢铁、建材和化工等领域。正因为用途广泛，所以人们才把寻找煤炭的目光从陆地扩展到海洋。目前，海底煤矿的开采量已经高居海洋矿产开发的第二位。

海洋煤炭储量

目前，世界上发现的海底煤田已经超过 200 个，澳大利亚、英国、保加利亚、希腊、爱尔兰、冰岛、加拿大、土耳其、芬兰、法国、智利、日本和我国的近海水域都有分布。仅位于我国山东省的龙口海底煤田预估含煤量就达到 13 亿吨。此外，黄海、东海和南海北部也蕴藏着丰富的煤炭资源。

你知道吗？

地球上最丰富的能源

煤炭是地球上蕴藏量最丰富，分布地域最广的化石燃料。据统计，世界煤炭可采资源量接近 500 亿吨，占世界化石燃料可采资源量的 66.8%。其中，美国、中国、澳大利亚、印度、德国、南非和波兰是世界七大煤炭资源国。

煤的开采

英国、土耳其、加拿大、日本等国家都通过海底煤矿开采获得了巨大的经济效益。2005 年 6 月 18 日，山东龙口矿业集团在北皂煤矿海域成功开采了 30 多万吨煤炭，从海底为我国掘出了第一桶乌金。

石油

石油无疑是目前全世界的"能源主力"，我们生活中的汽油、柴油、煤油等核心燃料都由石油提炼而成，因而它也被称为"工业的血液"。据统计，地球上已探明石油资源的 25% 和最终可采储量的 45% 都埋藏在蔚蓝的大海之下。为了应对庞大的需求，人们早已开始对丰富的海洋石油资源进行开采。

海洋油田

世界上最著名的海上产油区有波斯湾、委内瑞拉的马拉开波湖、欧洲的北海和北美洲的墨西哥湾。其中，波斯湾石油储量超过 120 亿吨，是世界上海上产油量最多的地区，被称为"石油海"。

你知道吗？

石油是怎样形成的

远古的动植物残骸和淤泥因为地质运动被埋在了缺氧的地下，经过地底千百万年的高温和高压转化，它们首先形成蜡状的油页岩，后来变成液态的石油和气态的碳氢化合物（天然气）。

中国的海洋石油

据统计，中国海洋石油资源量约为 246 亿吨，占全国石油资源总量的 23%，其中 70% 都埋藏于深海。目前，我国的海洋石油开发依然主要集中于渤海、黄海南部、东海和南海的近海大陆架区域。

石油的用途

石油是宝贵的燃料和化工原料。从石油中提炼的汽油、柴油和煤油是最重要的燃料；从石油中提炼出的润滑油是各种机械、仪表运转必不可少的润滑剂；从石油中提取的化工原料可以制成合成纤维、合成橡胶、塑料、合成氨、染料、炸药、石蜡等多种产品；就连石油提炼后的残渣沥青都是良好的筑路材料和密封材料。

石油开发

想要开发海洋石油资源并不容易。人们首先要找到深埋于海底之下的石油矿藏，随后运用各种技术对其进行开采和输送，最后进行加工炼制，这才能得到我们工业和生活中所需的各种能源和化工产品。一般来说，海洋石油开发分为石油勘探、油田开采、石油集输和石油炼制 4 个阶段。

海洋石油勘探

海洋石油勘探的任务就是寻找深埋于海底的石油资源。人们通常应用人工地震、重力或者磁力的方法来勘明海底石油的储存区域。目前，人类的石油勘探最深已可触及到 6000 米以下的深海海底。

石油开采

海底石油开采常用的方法有自喷采油和机械采油两种。大海上气象多变，海上石油开采充满了不可预知的危险，作业条件非常艰苦，对科技要求很高。

石油炼制

石油本身不能直接作为产品使用，必须经过加工，才能炼制成多种质量符合使用要求的石油产品。这也就是我们常说的石油炼制。经过提炼，石油可以转化成燃料、润滑油、有机化工原料、沥青、蜡、石油焦等种类繁多的产品。

油船运油

海上石油运输

从大海中开采出的石油主要依靠船只或管道进行输送。船只运油适用于长距离运输，成本相对较低。管道运输的前期投入较大，但一旦铺设成功，就可以源源不断地完成运输，十分方便。

拓展 海上石油泄漏事件

1979年，墨西哥湾油井井喷，共漏出原油47.6万吨；1996年，利比里亚油轮在英国附近触礁，14.7万吨原油泄漏；1991年，海湾战争导致科威特境内100万吨石油泄漏……这些石油泄漏事件严重污染了海洋环境，导致无数海洋生物死亡，给大自然带来了沉重的灾难。

天然气

天然气是蕴藏在地层中以烃为主体的混合气体的统称，它比空气轻。天然气是一种较为清洁的能源燃料，也是与煤炭、石油并列的世界三大传统能源之一。据不完全统计，世界天然气总储量约为 180 万亿立方米，其中超过三分之一都埋藏在大海底部。

天然气的能源优点

天然气是较为安全的能源之一，一旦泄漏，会立即向上扩散，不易积聚产生爆炸，安全性较高。除此以外，天然气是一种比较清洁的能源，有害物质含量少，燃烧时产生的二氧化碳也少于其他化石燃料，造成的温室效应较低。

拓展　中国海洋油气时代来临

随着近海的大陆架油气资源开采深度不断加大，我国的油气开采已经把目标投向了深海。在远离中国大陆的南海海底就储藏着极为丰富的石油和天然气资源，对其进行开发可以说势在必行。

天然气开采

天然气的开采方法与石油比较类似，只需要在埋藏地钻井，天然气就会因为低压和自身的“轻”属性自动喷发。不过因为天然气是一种气体，所以它的开采安全需求更高。很多时候，天然气和石油都储藏在同一层位，两者经常会被同时开采出来。

海上开采油气

海洋天然气分布

天然气和石油一样，埋藏在封闭的地下，有些和石油储存在一起，有些则单独存在。天然气在世界范围内分布极不均衡，除了“世界油气心脏”波斯湾以外，俄罗斯、委内瑞拉、非洲西部的几内亚湾以及中国南海都蕴藏着丰富的天然气资源。

你知道吗？

天然气是怎么形成的

天然气的成因是多种多样的。它们有的是远古生物经过千百万年的微生物分解和地质运动而形成的；有的则是因为地底的石油和煤炭产生有机变化而形成的。总体来说，多数天然气的形成过程跟石油很类似，因此天然气与石油也有“孪生兄弟”之称。

可燃冰

可燃冰是一种白色类冰状固体物质，有极强的燃烧力，主要由水分子和烃类气体分子（主要是甲烷）组成。因为这种白色的“冰”一遇到火就会燃烧，所以被称为“可燃冰”。可燃冰规模大，分布广，资源丰富，而且杂质少，燃烧后几乎无污染，是一种高效清洁能源。

可燃冰的形成

可燃冰其实就是“固态”的天然气，也被称为天然气水合物。在深海或者永久冻土带等低温高压的环境下，天然气和水会凝结成为一种类冰状的结晶物质，这就是可燃冰。可燃冰的主要成分是甲烷分子和水分子。

拓展　可燃冰的开发——“带刺的玫瑰”

可燃冰虽然开发前景非常广阔，但是开采难度非常高，宛如一朵带刺的玫瑰。可燃冰甲烷含量极高，对温度和压力都很敏感，在开采和输送过程中很容易导致甲烷泄漏，引发温室效应。此外，可燃冰一旦泄漏还容易引发海啸、海底滑坡和海水毒化等灾害。

未来新能源

随着人类工业生产的不断发展，煤炭、石油、天然气等传统能源使用量越来越大，资源枯竭已经成为我们必须要面对的现实。可燃冰具备储量大、能源密度高、清洁、污染小等优势，被视为“沉睡的未来能源”，是人类未来能源的新希望。

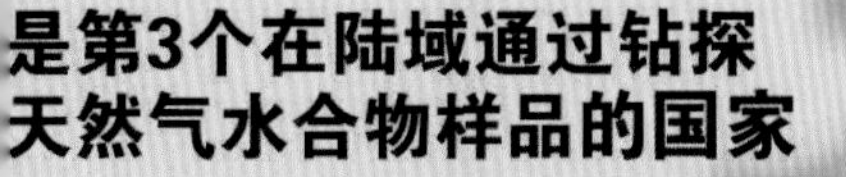

水合物

可燃冰资源量

可燃冰储量丰富、分布广阔，通常分布在海洋大陆架外的大陆坡、深海和深湖以及永久冻土带，范围约占海洋总面积的 10%。有专家估计，海底可燃冰资源可供人类使用 1000 年。

你知道吗？

可燃冰的发现

1934 年，苏联在西伯利亚堵塞的天然气输气管道里发现了冰状固体，这就是低温高压下自动形成的可燃冰。1965 年，苏联首次在西伯利亚永久冻土带发现可燃冰矿藏，并引起多国科学家关注。

我国南海的可燃冰

我国可燃冰资源主要分布在南海海域、东海海域、青藏高原冻土带及东北冻土带。南海是我国天然气水合物储量最丰富的地区。据测算，我国南海的可燃冰储量达 700 亿吨油当量，约相当于我国目前陆上石油和天然气资源总量的一半。

滨海砂矿

陆地和大海亿万年的相互作用，为人类联手铸就了一种近乎取之不竭的宝贵资源——滨海砂矿。滨海砂矿种类繁多、分布广泛，大多埋藏在近岸沙堤、沙滩、沙嘴和海湾之中，开发价值巨大。

滨海砂矿的种类

滨海砂矿种类非常多。目前世界上已探明的滨海砂矿达数十种，主要包含金、铂、锡、钍、钛、锆、金刚石等金属和非金属。我国拥有漫长的海岸线和广阔的浅海，滨海砂矿资源十分丰富。

拓展 **滨海砂矿里惊人的财富**

据科学家评估，目前已经发现的滨海砂矿里金属砂矿（不含锡石、铬铁矿、金砂和铁砂等）储量约 2.3 亿吨，钛磁铁矿储量约 8.2 亿吨，磁铁矿储量约 1.6 亿吨，锆石约 2263.5 万吨，金矿石约 1285 万吨，独居石约 255.175 万吨。

混合堆积砂矿

混合堆积砂矿是指由多个因素叠加而形成的同一个矿床，比如我国山东的三山岛砂金矿。它的成因包括海积、洪积、坡积和残积等多种途径。

海积砂矿

海积砂矿是来自陆地的矿物，经过潮汐和波浪的作用在海中堆积而成的。我国的滨海砂矿以海积砂矿为主，以混合堆积砂矿为辅。

我国的滨海砂矿分布

世界上几乎所有的滨海砂矿矿物都能在我国找到，我国的滨海砂矿主要划分为 8 个矿带；海南岛东部海滨带、粤西南海滨带、雷州半岛东部海滨带、粤闽海滨带、山东半岛海滨带、辽东半岛海滨带、广西海滨带和台湾北部及西部海滨带。其中广东的滨海砂矿储量居全国首位。

石英砂

在众多的海滨砂矿中，储量最大的当属石英砂，数量可达上百万亿吨。石英砂可以作为建筑用砂，也可以作为冶炼各种金属的熔剂。除此以外，石英砂中还能提取硅。硅是一种半导体材料，性脆、熔点高，广泛地应用于无线电子技术、电子计算机和航天工业，还能制成太阳能电池。

滨海砂矿的应用

海边的沙滩其实就是滨海砂矿的一种。看似平凡无奇的滨海砂矿里蕴藏着琳琅满目的宝石。金刚石、金、铂、锡石、金红石、钛铁矿、铬铁矿、磁铁矿、红金石、蓝宝石、琥珀、锆石和石英砂等各种滨海砂矿矿产都具有极高的经济价值。

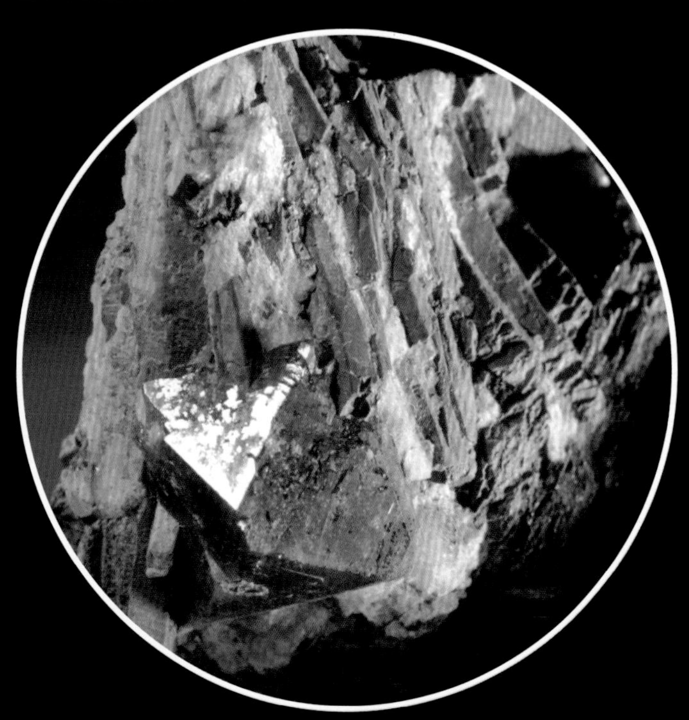

锡石

全世界约 75% 的锡石都储存在印度尼西亚、马来西亚、泰国等国家的滨海砂矿中。锡具有延展性高、防锈、耐腐蚀等特性，广泛应用于食品、制造、电子、电气等工业中。

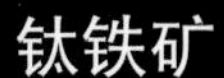

钛铁矿

钛及钛合金具有重量轻、耐高温、耐腐蚀等优良性能，能用于制造飞机、舰船、潜艇、火箭等的部件，是现代国防工业的重要材料之一。世界上一半钛铁矿产都来自滨海砂矿，印度、澳大利亚、新西兰、巴西和美国等国家都有大量分布。

锆石

全世界约 96% 的锆石都来源于滨海砂矿。锆耐高温、抗腐蚀、易加工、机械性能好，并有优良的核能性，是原子能工业的重要材料。核电站、核潜艇、核动力航母、无线电仪器、电子管等多种高科技产业都需要使用锆石。

拓展 耀眼光芒——金刚石

金刚石其实就是钻石的原身，它是一种由碳元素组成的矿物，也是世界上最坚硬的天然物质。纯净的金刚石可达到宝石级别，也就是我们熟悉的钻石。普通的金刚石可以用于工业切割和抛光。

房地产的建材来源——海砂

我们称海洋的砂石为海砂，它分布于海岸、近岸海域的海岸以及陆架浅海。我国的海砂资源分布广、储量大，海砂经过处理，降低其中的腐蚀性盐类含量后可用于大型建设的填海造陆。但是海砂开采可能会引发海岸侵蚀、海水入侵等灾害。

海洋“聚宝盆”

用“聚宝盆”来形容大海是再确切不过的。海洋中的矿产资源实在是太多太丰富了。据统计，在地球上已发现的百余种元素中，有 80 余种在海洋中都有分布，其中 60 余种可以提取开发。这些资源的价值科学家们都无法估量。

难取的深海宝藏

深海矿物大都分布在四五千米深的海底。因此，这些矿物的勘探和开采难度非常大。相信不久的将来，随着科学技术的发展，我们很快就能从大海深处获得深海锰结核和海底热液矿产等珍贵的宝藏！

海底彩石——海绿石

海绿石是一种在海底生成的含水矿物，一般呈浅绿、黄绿或深绿色。这种海洋沉积矿物是提取钾的重要原料，还可以用于制作净水剂，玻璃染色剂和绝热材料，广泛应用于轻工业、化工和冶金工业之中。

拓展 海洋“富豪”，钻石、黄金、铂金样样有

钻石、黄金、铂金都是贵重稀有的珍宝，也是现代人们最钟爱的珠宝首饰原材料。你知道吗？这些珍贵的宝物从海洋中都可以开采到。所以说，我们的海洋还是一个“大富豪”呢！

矿物宝藏——海底固结岩层

海底固结岩层的矿产有海底油气资源、硫矿、煤、海底锰结核及海滨复合型砂矿。其中以海底油气资源、海底锰结核及海滨复合型砂矿经济意义最大。因此，海底固结岩层也可以说是海底矿物的宝藏。

海底的黄金梦

海洋中蕴藏着大量天然金砂，美国、俄罗斯、菲律宾、加拿大都早已开采海滨金砂生产黄金。2014 年，烟台莱州湾海域探出海底金矿，我国也终于能够从大海的“聚宝盆”里取用黄金了。

海洋百科

基岩矿产

海底基岩矿包括非固态的石油、天然气和固态的硫磺、岩盐、钾盐、煤、铁、铜、镍、锡和重晶石等。其中，海底煤矿和海底石油分布范围广泛，开采价值最大。

蛟龙
大洋一号
DA YANG YI HAO

第四章 大洋矿藏

海洋里究竟埋藏着多少宝贝，估计谁也说不清楚。随着科学技术的发展，越来越多的新矿藏在大海中被发现。深海锰结核、富钴结壳、热液矿藏……这些宝贵的财富全都存放在大海里，等待着人们的开发和利用，也吸引着越来越多的人对大海展开研究。

锰结核

在广阔的大洋盆地，沉睡着密密麻麻的黑色或棕褐色“金属块”。它们形状不太规则，大小也不相同，小的只有几十克，大的足有几十千克。这就是深海宝藏——锰结核。锰结核不仅富含金属，而且可以再生，“取之不尽，用之不竭”，是海洋赠予人类的一份厚礼。

锰结核的用途

锰结核中含有 30 多种金属元素，其中锰、铁、铜、钴、镍、钛都是重要的工业金属原料。锰可用于制造坚硬耐磨的钢材，铁是炼钢的主要原料，镍可用于制造不锈钢，钴可用来制造特种钢，铜可以用于制造电线，钛则广泛应用于航空航天领域。

分布

锰结核广泛分布于世界大洋底部，总储量约为 3 万亿吨以上。它们或密集或分散，在北太平洋海底，每平方米就有 100 多千克锰结核，简直是一个挨一个铺满海底。科学家估算，如果对锰结核进行全部开发，足够人类使用上万年。

锰结核的成因

据科学家估计，锰结核的物质来源大致有 4 个方面：一是来自陆地的岩石风化出的金属元素；二是来自火山喷发产生的金属元素；三是来自生物死亡分解出的金属元素；四是来自宇宙尘埃的飘落。

“海洋六号”与锰结核

2011 年 10 月，首次执行远洋科学考察的“海洋六号”在第 23 航次科考中，完成了锰结核合同区的海洋环境与生物调查、地质取样等科学考察任务，并获得了锰结核 550 千克。2013 年 8 月，“海洋六号”执行大洋第 29 航次任务时，在锰结核区经过 3 次箱式取样作业后，获得了满框无扰动海底沉积物及数个锰结核。

拓展

镇海之宝

神话传说中，孙悟空的金箍棒是大海中的镇海之宝。在现实生活中，锰结核也足以享有这个美誉。目前，人类已经开始着手对这个宝藏进行大规模开发，相信它会为人类带来无穷无尽的财富。

富钴结壳

富钴结壳是深海中的另一个大宝藏。这种矿石外表与锰结核很像，因富含战略金属钴而得名。1981 年，德国深海考察船“太阳号”率先展开了对富钴结壳的调查，这种沉睡洋底千万年的“宝藏”才开始受到全世界的重视。不过，因为开采难度较高，所以富钴结壳的开发还需要等待科学技术的进步。

富钴结壳的分布

富钴结壳在全球海洋中都有分布，几乎在任何海山区都可以找到它的身影，因此目前无法估计总储量。太平洋因海山较多，所以其富钴结壳贮存量最为丰富。由于富钴结壳在黑色玄武岩组成的海山区分布最多，因此人们把富钴结壳形象地比喻为“黑金山”。

富钴结壳的形成

富钴结壳是生长在海山、海脊和海台的斜坡或顶部的一种沉积物。从远古开始，一代又一代的海洋生物死后，在沉降过程中残留了大量金属，这些金属在富氧水层中经过氧化作用和吸附作用，逐渐沉淀成富钴结壳。

拓展 **沉睡万年的宝藏**

富钴结壳已经悄悄在海底沉睡了千万年。据不完全统计，仅太平洋西部海底的富钴结壳资源量就达 10 亿吨，钴含量达数百万吨，总价值已超过 1000 亿美元。

富钴结壳的用途

富钴结壳含有众多稀有金属，包括钴、锰、钛、镍、铂、锰、铊、锆、钨、铋、钼和稀土等。钴是生产耐热合金、硬质合金、防腐合金、磁性合金和各种钴盐的重要原料；铂是贵重的白金；稀土是电子、激光、核工业、超导等诸多高科技的润滑剂，有“工业黄金”之称。

海底热液矿

大洋底部耸立着许多高高矮矮的“烟囱”，它们夜以继日地喷出滚烫的热泉，这就是海底热液。海底热液喷发时携带有大量的金、银、铂、铜、锡等金属，故而人们称呼其为“海底金银矿”。

形成

海底热液矿的形成经历了复杂的过程。富含硫酸根离子的海水被新生洋壳加热成为高温海水，高温海水从玄武岩中吸收大量的金、银、铜、锌、铅、镍、钡、锰、铁等金属矿物，随后与海底冷海水相遇，发生了物理化学变化，使金属沉淀形成多金属热液矿床。

你知道吗？

生命的起源

近年来，随着科学家对海底热液的研究深入，许多科学家都认为海底热液是地球生命的起源核心。氮转化为氨是生命起源过程的重要环节，正是海底热液提供的氨分子构成了最早的地球大气，从而引发了生命的起源。

分布

海底热液矿床主要分布于大洋中脊、弧后盆地和岛弧地区。如东太平洋海隆、大西洋中脊、印度洋中脊、红海、北斐济海等地都有不同类型的海底热液矿床。我国南海海盆中也分布有不少热液矿藏。

硫化物烟囱体

海底热液硫化物的矿物成分随着海区的构造部位和烟囱物具体部位不同而有明显差异。高温“黑烟囱”的沉淀物大都为富含铜、铁的硫化物；中温“白烟囱”的沉积物大多为硫酸盐；低温“黄烟囱”的沉积物硫含量很高，这些富含铜、铁、锌等的硫化物沉淀堆积数量可观时就会形成多金属硫化物矿床。

储存量

目前，人们还无法统计海底热液矿床的总储存量。不过，可以肯定的是，海底热液矿床分布十分广泛，在全世界已经发现有400多处，所含的金属均具有很高的开采价值。不仅如此，海底热液矿深度相对不大，矿床分布集中，比较易于开采，被一致认为是未来极有开发价值的战略性金属矿藏。

多金属硫化物

1978 年，科学家在东太平洋海隆发现了一座“黑烟囱”。这里堆积了大量富含铜、锰、锌、银、金等金属的硫化物，不仅水深较浅，而且矿体富集度大、矿化快、易于开采和冶炼。从那之后，人们就将目光投向了海底多金属硫化物这座宝藏。

分布

海底多金属硫化物矿床分布比较广。目前，全球海底已发现多金属硫化物矿点 400 多处。在东海冲绳附近海域也发现了 7 处热液多金属硫化物喷出场所。

储量

多金属硫化物矿床分布较广且储量丰富，所含金属具有很高的开采价值。目前，仅在加拉帕戈斯海岭发现的矿床中，多金属硫化物的储量就达 2500 万吨。所以，海洋地质学家预言，海底多金属矿床是未来世界矿产开发的重要对象之一。

拓展

唯一获得 4 种新矿区的国家——中国

深海新能源是人类未来的战略资源希望，因此，我国在这方面投入很大。2001 年，我国在东北太平洋获得一块 7.5 万平方千米的深海锰结核矿区；2011 年，我国在西南印度洋获得一块 1 万平方千米的多金属硫化物矿区；2013 年，我国在西北太平洋获得一块 3000 平方千米的富钴结壳矿区；2015 年，我国在东太平洋获得一块约 7.274 万平方千米的多金属结核勘探矿区。至此，中国已经成为世界上唯一一个获得 4 种新矿区的国家。

中国的“大洋一号”

2005 年，中国大洋环球科学考察船“大洋一号”从海底首次采获超过 200 千克的海底多金属硫化物样品。2008 年，“大洋一号”再次在海底多金属硫化物调查方面取得历史性突破。本次航行仅用 18 小时就成功抓取数百克的多金属硫化物样品，并发现一个以地幔岩为基底的多金属硫化物区，这是世界上首次发现此类矿床。

海洋百科

海底热液生物

大自然赋予了生物们令人惊讶的生存本领。海底热液的温度高达 300℃ ~350℃，又地处漆黑高压的深海海底，环境十分恶劣。然而，这里却世世代代生存着许多特殊的生物。有细长的管状蠕虫、美丽的海葵、奇怪的热泉虾蟹，还有不少鱼类和蔓足纲动物。

海底磷矿

1873 年，英国“挑战者号”科学考察船在海底捞起了一些大小不一、颜色各异的煤块状石头。经分析，这些石头富含磷和钙，所以，便将其命名为磷钙石。磷钙石富含氧化钙、五氧化二磷，能够用于制造农作物所需要的磷肥，所以被称为“农业矿产”。

海底磷矿的分布及成因

海底磷钙石具有分布范围广、储量丰富的优点，在东大西洋、印度洋和太平洋的陆架、大陆坡上部以及深海的海山上都有分布。海洋中的生物世代生息繁衍，它们死亡后在分解过程中释放出磷，经过漫长的化学作用，最终在海底形成富磷岩石。

海底磷矿的有用成分

海底磷钙石是制造磷肥、生产纯磷和磷酸的重要原料，它的主要成分为氧化钙和五氧化二磷，氧化钙含量一般为 30%~50%，五氧化二磷占 20%~30%；其余为二氧化碳、氟、钒、铀及稀土元素。

海底磷矿的用途

海底磷钙石的开发意义重大。磷可以制造磷肥，提高粮食和其他农作物的产量；可以溶解于养殖池，加速鱼虾的生长；还可制成防锈材料，涂在飞机的翼面上。除此以外，纯磷和磷酸还可用于火柴、玻璃、食品、纺织等工业之中。

你知道吗？

白磷与燃烧弹

白磷是磷的一种，它只要接触到空气就会自动燃烧。于是，人们利用它的特点制成了燃烧弹。这种燃烧弹非常可怕，它会爆炸飞溅，沾到皮肤上很难及时去除，可以一直烧到骨头，杀伤力极大。

海底磷矿的储藏量

海底磷钙石一个矿区的面积就可达数百至上千平方千米，储量高达几十亿至上百亿吨。据科学家估算，全世界海底磷钙石蕴藏量约达 3000 亿吨，足够人类使用 2000 年，堪称一座宝库。

第五章　海洋能发电

浩瀚的大海潮起潮落，无时无刻不在运动。海浪、潮汐、海风、海流甚至海水的温度、盐度中都蕴藏着巨大的能量，这就是海洋能源。海洋能源是真正意义上取之不尽、用之不竭的宝藏，它们分布广泛、蕴藏量巨大、清洁无污染、持续可再生。人类只要多运用科学技术，就能对这座能源宝库进行开发，把大自然的力量转化成电能，造福于全人类。

潮汐能

潮起潮落是大海边永恒不变的美景。在月球和太阳引力的作用下，海平面每天都会进行周期性的涨落，这就是潮汐。海水的涨落和潮水的流动周而复始，其间蕴藏着用之不竭的巨大能量，这就是潮汐能，它可以用来发电，给人们带来光明和动力。

清洁的可再生能源

煤炭、柴油都可以用来发电，但它们发电不仅需要耗费大量的资源，还会带来污染。潮汐能完美地解决了这些问题。周而复始的潮水取之不尽，用之不竭，还没有污染，是当之无愧的清洁可再生能源。

潮汐拍岸

潮汐的类型

根据周期和潮差可将潮汐分为4类。在一个太阴日（约24小时50分）内有两次高潮和两次低潮，且潮差几乎相等的叫作正规半日潮；若只有一次高潮和一次低潮的则叫作正规日潮。在一个朔望月中大多数日子具有正规半日潮的特征，但少数日子第二次高潮很小的叫作不正规半日潮；若大多数日子具有正规日潮特征，少数日子具有半日潮特征的则叫作不正规日潮。

你知道吗？

“土法”算潮汐

海水涨潮时间每15天轮回一次，第二天涨潮时间比前一天推迟约50分钟。中国民间有一个计算公式，在农历初一到十五，具体涨潮时间为日期数×0.8；在农历十六到三十，涨潮时间为（日期数−15）×0.8。如农历六月廿八，涨潮时间就是（28−15）×0.8=10.4，也就是说涨潮时间是早上和晚上的10点24分。

江厦潮汐电站

浙江省温岭市江厦潮汐电站是中国第一座双向潮汐电站。1980 年 5 月，第一台机组投产发电。现在共安装 了 6 台水轮发电机组，总装机容量 3000 千瓦，可昼夜发电 14~15 小时，每年可提供 1000 多万千瓦时电能。

潮汐发电的必备条件

利用潮汐发电必须具备两个物理条件：一是潮汐的幅度必须大，至少要有几米高的潮水；二是海岸的地形必须能储蓄大量海水，并可进行土建工程。

拓展

世界上最大的潮汐发电站

韩国的始华湖发电站是世界上最大的潮汐发电站。它于 2011 年正式投入运营，10 台发电机合并发电容量达 25.4 万千瓦，年发电量可达 5.52 亿千瓦。作为利用潮汐水位差发电的潮汐发电站，该电站的发电量可谓世界最大。

海流能

大海并不是静止不动的死水。除了潮汐之外，海水还会像河流一样做水平移动，这就是海流。海流也叫洋流，它遍布地球所有的大洋，纵横交错，川流不息，蕴藏着无法估量的巨大能量。世界上最大的暖流——墨西哥湾洋流，它每流动 1 厘米提供的能量就相当于燃烧 600 吨煤。

海流能

早在古代，人们已经发现了海流的能量，不过那时人们只能借助海流“顺水推舟”帮助船只航行。现代，人们开始利用这种清洁可再生的能源进行发电。目前，美国、英国、加拿大、日本、意大利和中国等国都已经开始进行海流能开发。

潮流能

潮流能是潮汐能的孪生兄弟，它同样具有周期性，受月球和太阳的引力作用而产生，是一种可再生能源。在岸边、海峡、岛屿之间的水道或湾口，潮流速度很大，无需建坝即可进行发电。2013 年，我国建成首座海上漂浮式立轴潮流能示范电站——“海能 -Ⅰ号”百千瓦级潮流能电站。

海流发电

海流发电近年来越来越受到世界各国的重视。一方面，能源紧张和大气污染问题，推动着人们把目光投向这种清洁可再生的能源。另一方面，海流能发电装置设备简单，使用起来可靠又安稳。随着全球能源和环境危机的出现，海流能发电潜力不可估量。

你知道吗？

海洋中的“河流”

我们可以形象地说，海流就是奔腾于大海中的河流。深海大洋里的海流，总是首尾相连，组成一个个好似封闭的循环，因此也叫“大洋环流”。这些海流为海洋各处送去营养物质、热量和海水，调控着地球的气候。

拓展

“水下风车”

在海流流经之处建立“水下风车”，就可以在不破坏生态环境的情况下达到开发海流能的目的。2006 年 5 月 9 日，中国第一台新型海流能源利用装置“水下风车”模型样机，在舟山进行了海流试验并发电成功。不久的将来，“水下风车”将逐步成为大规模利用海流能、缓解能源短缺、发展沿海和岛屿的地方经济的新途径。

我国海流能资源

我国海域辽阔，海流稳定，流向变化小，是世界上海流能资源密度最高的国家之一。辽宁、山东、浙江、福建和台湾沿海的海流能非常丰富，开发潜力较大。其中，浙江的舟山海域诸水道海流能开发前景最好，如金塘水道、龟山水道和西堠门水道等。

海浪能

海浪无疑是大海的标志之一，无风的时候海面微波荡漾，有风的时候海面巨浪翻滚。无休止的海浪里蕴藏着巨大的能量，它可以用来发电、抽水、制氢，开发过程中不必耗费燃料并且对环境影响极小。未来，海浪必将是人类社会中最重要的新能源之一。

摇摆的“鸭子”

英国爱丁堡大学的工程师斯蒂芬·索尔特发明了一种利用海浪发电的“爱丁堡鸭”海浪发电装置，也叫索尔特凸轮式发电装置。这种“鸭子”的“胸脯”会在海浪的波动中不停地来回摆动，从而带动工作泵推动发电机发电。

海浪——海洋的能量库

海浪能是指海洋表面波浪运动所产生的能量。它能把几十吨的石头推走，能使万吨巨轮颠簸摇晃，甚至能冲毁岸边的建筑物。更难得的是，如此庞大的能量，在世界各地都有分布，而且取之不尽。一旦能够有效地开发和利用，它必将造福整个世界。

勇敢的冲浪者

海浪发电

海浪发电是继潮汐发电之后发展最快的海洋能源利用形式。目前，世界上已有日本、英国、爱尔兰、挪威、西班牙、瑞典、丹麦、印度、美国等国家相继在海上建立了海浪发电装置。不过，目前海浪能仍在初期发展阶段，面临着许多技术和成本难题。

拓展　海底火山的能量可以利用吗

火山喷发虽然非常可怕，但也很有价值，火山热能可以用来发电和供暖。这也是聪明的人类巧妙利用大自然的智慧结晶。地处北极圈附近的冰岛是个海底火山活动频繁的国家，全国许多家庭通过送来的火山蒸汽取暖供热，首都雷克雅未克则是全部采用地热取暖。相信在不久的将来，海底火山的能量也可为人类所用。

海浪能发电前景广阔

海浪能是最清洁的可再生资源，它的开发利用前景非常广阔。目前，世界上绝大多数滨海国家都开始制订开发海浪能源的规划，我国也制定了以福建、广东、海南和山东沿岸为主的海浪发电发展目标，着重研制建设 100 千瓦以上的岸式波力发电站。

海上风能

自古以来，风就是人们最熟悉的能源之一。古老的风车至今仍在世界各地旋转，为人类提供电能和动力；美丽的帆船依然在所有大洋上遨游驰骋，给人们带来便利和享受。毫无疑问，风是一种取之不尽、用之不竭的能源。那么，人们开发常年不息的海风了吗？

风力发电

风能蕴量巨大，比地球上可开发利用的水能总量还要大 10 倍。早在古代，人们就开始利用风车开发风能，进行抽水和磨面。现在，风力发电已经成为多风国家和地区的必然选择，芬兰、丹麦等国家和我国的青藏高原、沿海岛屿都从风能中获得了无数收益。

拓展 风力发电站的附加功能

风力发电站除了可以供给电力外，还能给人们带来视觉享受，成为良好的旅游景点。比如在我国新疆达坂城风力发电站，上百台风力发电机矗立在戈壁滩上，迎风飞旋，与蓝天、白云相衬。在博格达峰清奇俊秀的背景下，这里形成了一个蔚为壮观的风车大世界。

海上风车

海边的风力发电站

只要拥有稳定丰富的风源和良好的地形条件，就可以建造风力发电站。一般来说，陆地上的高原和海边都是风力发电站的建设良址。位于英国泰晤士河河口的“伦敦阵列”海上风力发电站是当前世界上最大的海上风力发电站，其总发电量达到了惊人的 630 兆瓦，足以为 50 万户家庭供应电力。

原理和优势

把风的动能转变成机械动能，再把机械动能转化为电力动能，这就是风力发电的原理。风力带动风车叶片旋转，再通过增速机将旋转的速度提升，从而促使发电机发电。风力发电的突出优点是环境效益好，不需要使用燃料，建设风力发电站的同时也开发了旅游资源。

海洋温差能

海洋表层与深层的水温常年维持着 20℃左右的温差。这种温差在大海里无处不在，它蕴藏着丰富的能量，这就是海洋温差能。海洋温差能又叫海洋热能，借助科学技术，它可以转换成电能供人们利用。

温差能

太阳的辐射使表层海水的温度相对较高。随着海水深度的增加，海水温度也逐渐降低。到了 400 米以下，太阳光无法触及，深层海水也因此比较寒冷。这垂直的温差就是巨大的海洋温差能。利用这一温差可以实现热力循环并发电，并且，海洋温差能用过即可得到补充，很值得开发利用。

海水温度的分布与变化

受纬度、暖流、寒流和季节等因素的影响，世界各大洋的水温各异且变化情况复杂。太平洋平均为 3.7℃，大西洋为 4℃，印度洋为 3.8℃。大洋水温的垂直分布，从海面向海底呈不均匀递减的趋势，在 1000 米以下温度变化就比较小了。

我国海水温差能资源

我国海水温差能资源蕴藏量大，主要集中在南海和台湾东岸的太平洋热带海域。其中，南海中部的西沙群岛海域和台湾以东海区温差能资源最为丰富。

海洋温差发电——海上稳定的巨型发电站

1881 年，法国科学家首次提出利用海洋温度差发电的构想。1979 年，美国首先对此进行了尝试。目前，全球第一个利用海面与深海温差发电的试验已经在日本进行。倘若能够成功，约占地球面积 70% 的大海将成为一座巨型发电站。

海洋百科

海洋温差能的开发原理

海洋温差能的发电原理是以海洋受太阳能加热的表层海水（25℃ ~28℃）作高温热源，以 500~1000 米深处的海水（4℃ ~7℃）作低温热源，用热机组成的热力循环系统进行发电。现在新型的海水温差发电装置，是把海水引入太阳能加温池，把海水加热使之蒸发进行发电。

拓展 **世界上第一个海水温差发电装置**

1979 年，石油价格暴涨导致全世界出现了能源危机。于是，美国能源部花费重金在夏威夷建成了世界上第一个温差发电装置。美国的成功带动了全世界开发海洋温差能的脚步。希望不久的将来，海洋温差能可以彻底解决人类的能源问题。

海水盐差能

海水盐差能其实就是因为海水盐度（盐含量）的不同而产生的能量。在大江大河的入海口，淡水与海水因盐度不同会产生巨大的能量。同样，两片交界的海域也会因为盐度的差异而产生盐差能。盐差能可以用来发电，是一种开发潜力巨大的可再生能源。

海水盐差发电

海水盐差发电不需要任何燃料，既不产生垃圾也没有二氧化碳排放，更不受气候变化的影响，可以说是一种取之不尽、用之不竭的清洁能源。2009 年，世界上首个采用压力延缓渗透技术的发电站在挪威建成。

我国海水盐差能开发

我国于 1979 年开始海水盐差能发电的研究。1985 年，我国西安冶金建筑学院对水压塔系统进行了试验研究。近年来，我国科学家一直在进行积极的探索和研究，目前我国的海水盐差能发电还处于研究试验阶段，还有很长的路要走。

海洋百科

海水盐差能的开发原理

如果把两种含盐量不同的海水倒在同一容器中，由于存在化学电位的差异，含盐量大的海水中的盐类离子就会自动向含盐量小的海水中扩散，直到两者浓度相同为止。盐差发电技术就是将这个过程中产生的压力转化为电能。

你知道吗？

我国的内陆盐差能发电前景

我国青海、西藏虽然地处高原，但那里盐湖众多。许多盐湖内就拥有天然的盐度差能源，只要海水盐差发电获得系统的研究和发展，青藏高原就再也不用为电发愁了。

我国海水盐差能资源

我国有丰富的盐差能资源，但是分布不均匀。长江、珠江口等大江河口沿岸盐度差较大。因此，上海、广东、山东等地区盐度差能资源非常丰富。盐差能资源量具有明显的季节变化和年际变化，在河流水位较高的汛期最为丰富。

第六章　多元素的液态宝库

海水中含有硫、镁、钙、钾、碳、溴、硼、金、铀、氘、氚等多种元素，本身就是一座巨大的资源宝库。虽然 1 立方米海水中的矿物非常稀少，但我们地球上拥有约 13.7 亿立方千米的海水。如果能够对这座“液态宝库”进行合理开发，人类的未来必将“衣食无忧”。

海水利用

目前，全世界都面临着严峻的淡水资源危机。占地球水资源总量97%的海水无疑是一座拥有巨大开发价值的宝库。利用海水是人类缓解淡水危机的主要途径，也是21世纪全人类的共同期望。

海水冲厕的实践

为了解决水资源短缺问题，20世纪50年代末，香港开始使用海水代替淡水冲厕，现在，青岛、大连、宁波、厦门等城市也已经开始应用海水冲厕技术保护当地的淡水资源。

海水的综合利用与发展

海水利用的方式有很多。除了我们熟悉的海水淡化、海水制盐和矿物质提炼之外，还包括海水直接利用以及海水农业等。

“天然聚宝盆”

大家都知道，海水之所以咸是因为其中溶解有大量的盐类矿物质。除了海盐以外，海水中还含有大量化学资源、石油资源和大量可以用来进行核聚变的氢元素。可以说，海水是化学资源的“天然聚宝盆”。

拓展 海水有机物知多少

广阔的海洋是一座巨大的“有机物宝库”。大到鲸、鲨鱼，小至易燃气体甲烷，这里到处都有有机物的足迹。海水中的有机物可分为 3 类，分别是溶解有机物、颗粒有机物和挥发性有机物，它们共同支撑着庞大的海洋生态系统运行。

海水的直接利用

海水直接利用是用海水代替淡水直接作为工业用水和生活用水。除了作为发电厂的冷却用水，海水还可以直接用于工业上印染、制药、制碱、橡胶及海产品加工等领域，以及生活中冲马桶、消防、灌溉农业等领域。

海水制盐

毫无疑问，大海是盐的“故乡”。咸涩的海水中蕴藏着取之不尽、用之不竭的盐类资源。如果把海水中的盐全部提取出来平铺在陆地上，陆地的高度可以增加153米。因此，自古以来，人们就开始从大海里获取食盐，满足日常生活所需。

丰富的盐资源

我国是全球第一产盐大国，盐资源极为丰富，不仅分布广泛，而且品种齐全，海盐、井盐、岩盐和湖盐应有尽有。目前，我国盐田面积约为37.6万公顷，其中海盐产量超过总产量的70%。

海洋百科

“化学工业之母”——食盐

食盐不仅是人类不可替代的食用品，而且还在化学工业生产中发挥着巨大作用。食盐可以制成氯气、金属钠、纯碱、重碱、烧碱和盐酸，这些产品在化肥、农药、造纸、印染、搪瓷、医药等工业领域作用巨大。正因如此，食盐享有“化学工业之母”的美称。

我国的主要盐场

我国著名的盐场有辽宁的复州湾盐场，河北、天津的长芦盐场，山东莱州湾盐场，江苏淮盐盐场以及南方诸省盐场。其中，长芦盐场是我国最大的盐场，产量占全国海盐总产量的四分之一。

海水制盐历史

据古籍记载，炎帝时的夙沙氏就教大家煮海水取盐，夙沙氏也因此被称为中国制取海盐的始祖。到了春秋战国时期，齐国把“鱼盐之利”作为富国之本。汉代的盐铁成为“佐百姓之急，足军旅之资”。明朝永乐年间，我国开始建盐田。近现代以来，我国陆续开始采用机械设备制盐，制盐业逐步实现了现代化的生产模式。

海水制盐的方法

海水制盐的方法主要有盐田法、冷冻法和电渗析法3种。盐田法就是千百年来流传的“日晒制盐法”，虽然节约燃料，但是受天气和地形限制，所需人工成本高。冷冻法是将海水冷冻结冰，然后去冰浓缩制成盐，这种方法主要在气候寒冷的国家应用；电渗析法是一种新的制盐方法，既能节省土地和人力，而且不受季节影响。

海水晒盐

海水提锂

锂是一种银白色的金属，它又轻又软，放在水里都会浮起来。这种有趣的金属在人类的生产、生活中发挥着巨大作用，是国民经济和国防建设的重要战略物资，享有“金属味精”的美誉。由于陆地上的锂资源日渐无法满足人类的需求，因此各个国家都将目光投向锂资源丰富的海洋。

海洋锂资源

自然界中锂元素主要富存于锂矿石、盐湖卤水、海水和温泉等矿床中，其中海水中锂的总储量达2600亿吨，是陆地上的上万倍，足够人类使用数十万年。

拓展　震撼世界的蘑菇云

1967年6月17日，中国新疆罗布泊上空腾起巨大的蘑菇云，震惊了全世界。这是我国第一颗成功爆炸的氢弹，它向全世界展示了我们保卫自己国家的力量。锂和锂化物就是这颗氢弹中最重要的原材料之一。

提取锂的方法

海水中虽然含有大量锂，可是其浓度太低，提炼起来比较困难。目前，人们主要使用溶剂萃取法和吸附法从海水中提炼锂，其中吸附法效果相对更好。

用途

锂及其化合物在陶瓷、化工、医药、电子、玻璃、空调、高能电池和热核反应等方面都有广泛应用。

① 锂是理想的电池原料，正广泛应用在便携的电子类产品（如移动电话、笔记本电脑、数码摄像机等）中。

② 锂铝和锂镁合金是高度轻质合金，它们具有耐高温、耐腐蚀、耐磨损、抗冲击性能好等优点，是导弹、火箭、飞机、卫星和飞船的理想结构材料。被称为“明天的宇航合金”。

③ 锂作为玻璃、陶瓷及搪瓷用釉原料的添加成分，可使制品具有特殊的性能。

④ 火箭升空需要有能够瞬间产生巨大能量的燃料作为推动力。1 千克锂通过热核反应放出的能量相当于 20000 多吨优质煤的燃烧。因此锂或锂化合物制成的固体燃料可用作火箭、导弹、宇宙飞船的推动力，不仅能量高，而且燃速快。

海水提铀

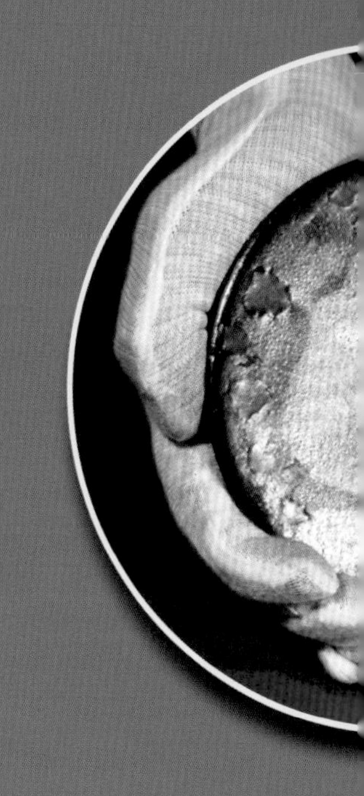

铀是一种银白色的金属，它是重要的天然放射性元素，也是最著名的核燃料。大名鼎鼎的原子弹最早就是用铀制成的。1789 年，马丁·海因里希·克拉普罗特发现了铀并为其命名。后来，科学家又发现了铀的放射性和核裂变现象。现在，随着原子能工业的发展，铀的需求越来越大，人们因此将目光投向了海洋。

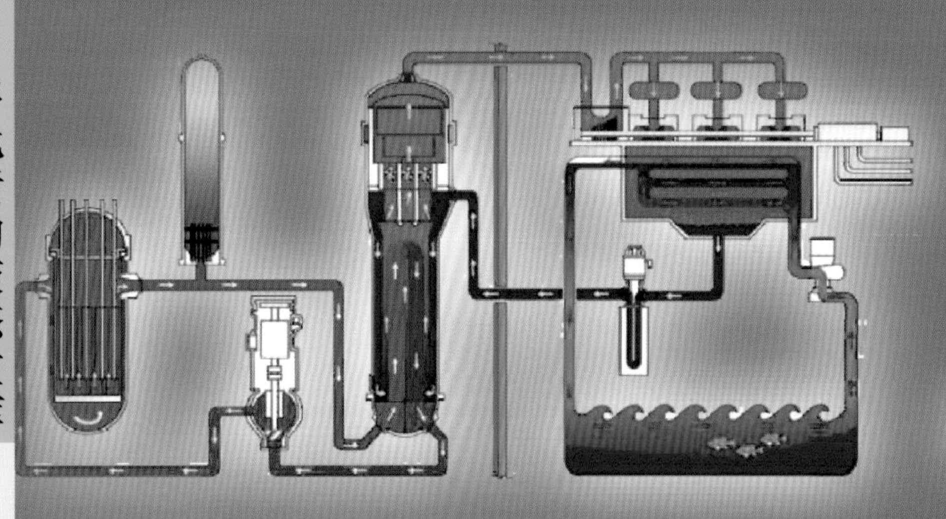

提取铀的方法

从海水中提取铀比较复杂。目前人类主要研究的提取方法有 3 种：气泡分离法通过起泡剂从海水中提取铀，但现今只限用于实验室；生物富集法通过海藻进行富集铀，目前法国已经筹建了这种提铀的工厂；吸附法通过吸附剂吸附铀，这是目前最流行的方法。

核裂变

海洋百科

核武器原料——铀

1945 年 8 月，美国在日本的广岛和长崎投放了两枚原子弹。耀眼的闪光和天塌地陷般的轰鸣之后，两座城市近乎夷为平地，死伤数十万人。之后，日本便宣布投降，第二次世界大战彻底结束。这是人们第一次见识到核武器的威力。此后，制造原子弹的铀也就成为备受青睐的战略资源。

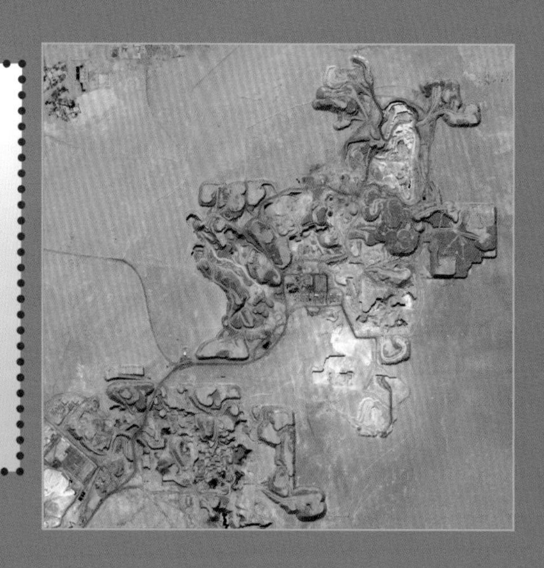

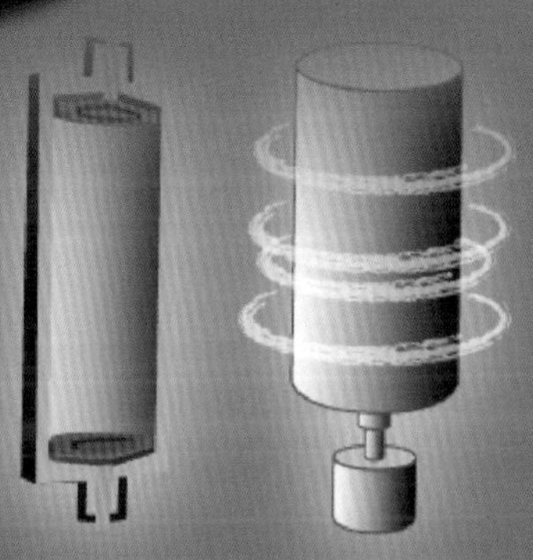

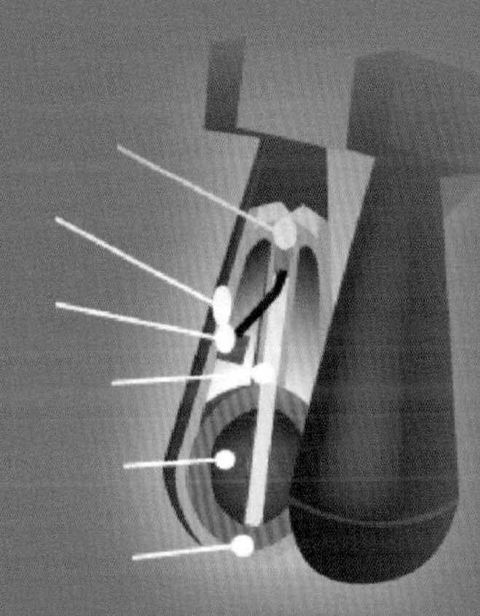

海洋铀资源

陆地上的铀矿储量只有 100 万吨左右，资源非常有限且分布非常不均匀。然而，海水中却有超过 45 亿吨铀矿，几乎取之不尽。因此，尽管从海水中提取铀非常困难，但依然无法阻止人类探索的脚步。

铀的用途

铀不仅可以用来制作原子弹、氢弹等核武器，还可以用于核电站的运行。除此以外，铀经分离后在工农业生产和科学技术领域有广泛的用途。例如，农业中用于辐照育种，食品工业中用于食品保鲜灭菌，医学中用于放射治疗，科研中用于无损探伤、地质勘探、文物考古等。

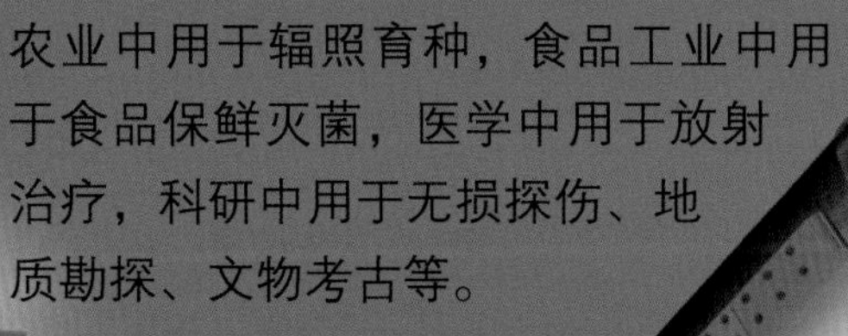

拓展

核裂变

核裂变又称核分裂，是铀、钍和钚等原子的原子核分裂成几个原子核的变化。这些原子的原子核在吸收一个中子以后会分裂成两个或更多个质量较小的原子核，同时放出 2~3 个中子和很大的能量，又能使别的原子核接着发生核裂变，使这一过程持续进行下去。原子核在发生核裂变时，释放出的巨大能量就是原子核能。

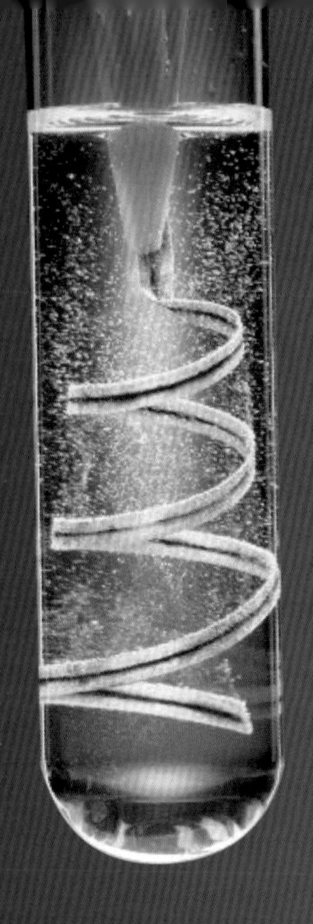

海水提镁砂和溴素

溴和镁这两种元素在医药、农业、工业和国防等方面都有重要的用途，深受世界各国重视。为了满足镁和溴的需求量，人们早已开始着手从大海里获取资源。

海水中的镁资源

镁在海水中的含量仅次于氯和钠。据统计，地球上海洋中镁的总储量约为 1800 亿吨，主要以氯化镁和硫酸镁的形式存在。目前全世界每年约三分之一的镁都是从海水中提取的。

镁的燃烧

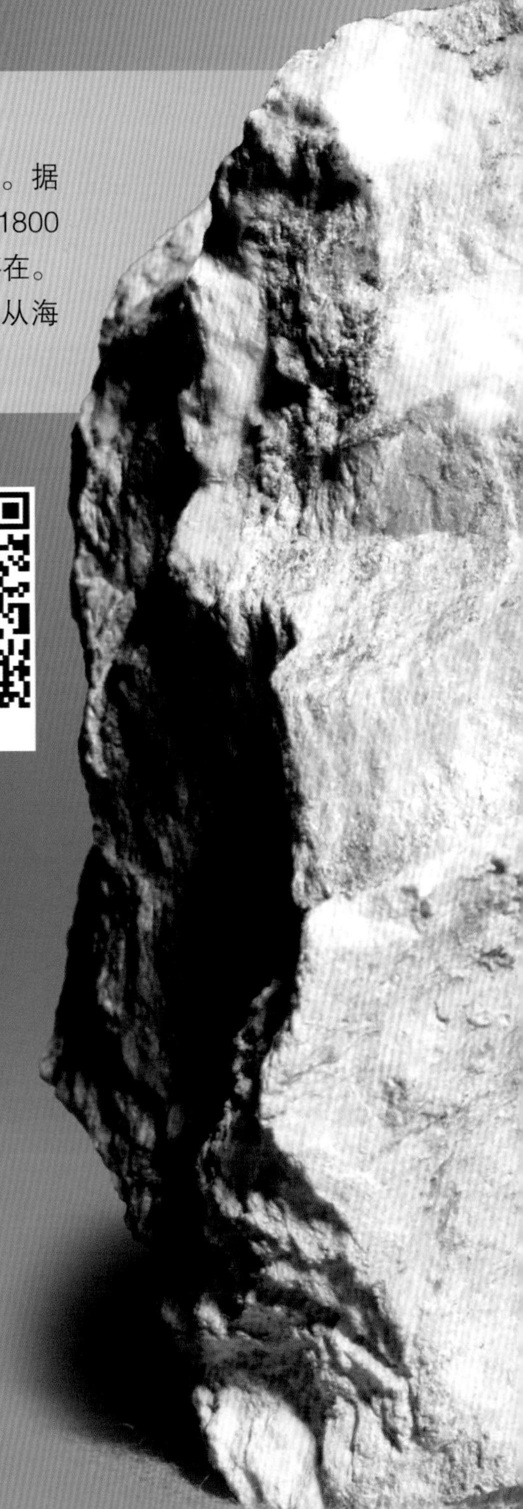

镁的用途

镁是航空工业的重要材料，飞机和导弹的研制都离不开它。除此以外，镁还可以加入肥料中促进作物对磷的吸收，制成药物治病救人，制造合金类科学仪器，甚至用于制作烟火和照明弹。

海洋百科

海水提镁的奥秘

海水提镁的过程并不复杂。早在 20 世纪 60 年代，这项技术就已经比较成熟。人们先把海水抽入特大的池中，倒入石灰乳，使海水沉淀，之后取出沉淀物进行洗涤，就可以得到纯度很高的氢氧化镁。

海水中溴素的含量

地球上 99% 以上的溴都蕴藏在汪洋大海中。因此，溴也有“海洋元素”之称。据科学家计算，世界大洋中的溴总储量可达 100 万亿吨，平均每个人都能分到接近 2 万吨。这真的是一笔巨大的财富！

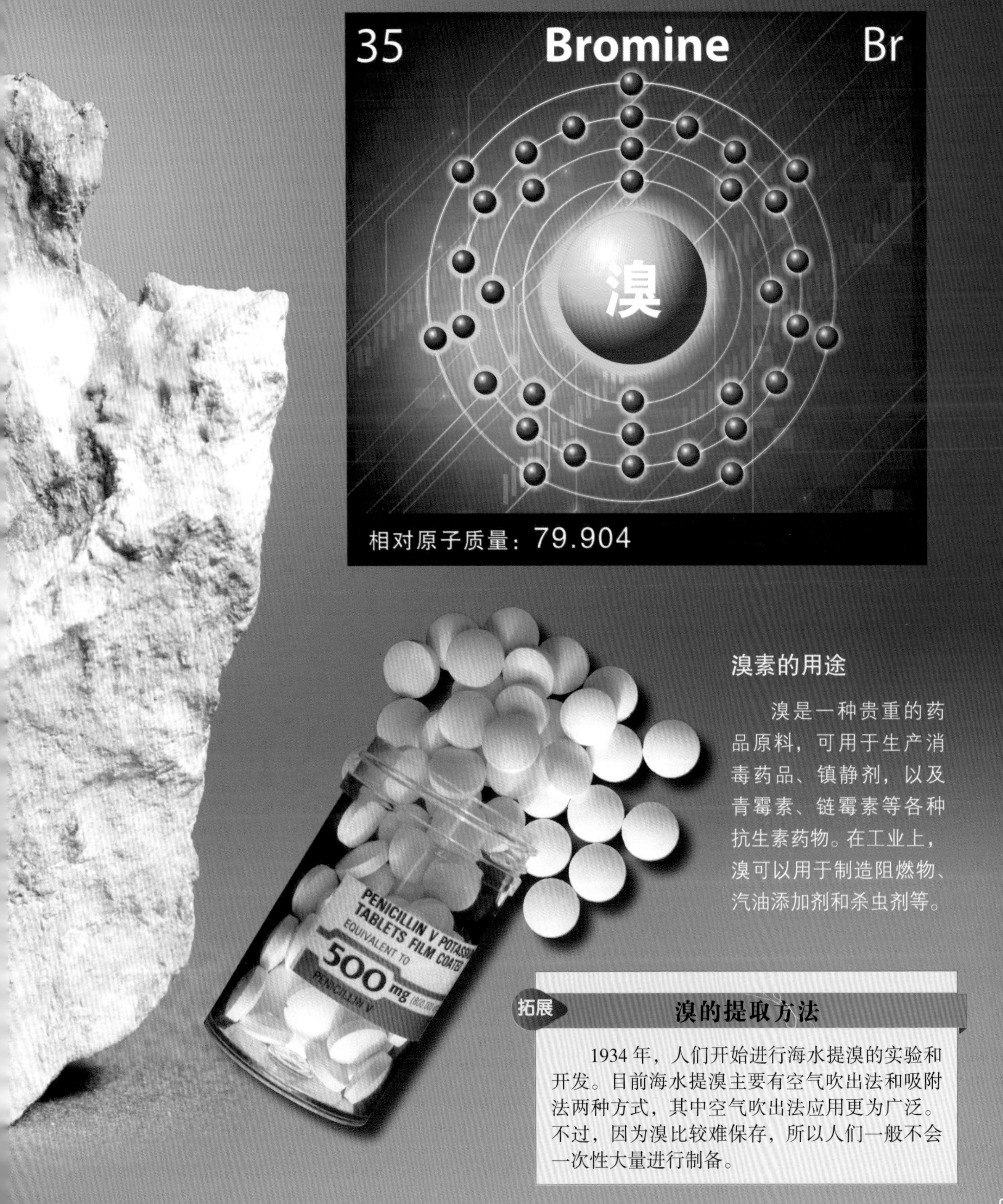

溴素的用途

溴是一种贵重的药品原料，可用于生产消毒药品、镇静剂，以及青霉素、链霉素等各种抗生素药物。在工业上，溴可以用于制造阻燃物、汽油添加剂和杀虫剂等。

拓展 **溴的提取方法**

1934 年，人们开始进行海水提溴的实验和开发。目前海水提溴主要有空气吹出法和吸附法两种方式，其中空气吹出法应用更为广泛。不过，因为溴比较难保存，所以人们一般不会一次性大量进行制备。

苦卤化工

苦卤是海水提取食盐后剩下的残液，其中含有高浓度的钾、镁、溴和硫酸盐等许多矿物，开发价值很大。世界上每年海水制盐超过2亿吨，相应的副产品苦卤产量巨大，只要多加开发，这种丰富又可持续开发利用的液态矿物会给人类带来无数的好处。

苦卤综合利用新工艺

我国从20世纪60年代开始对苦卤的综合利用技术展开系统的研究。科学家们尝试利用海水及苦卤提取钾肥，利用苦卤提取溴资源和镁盐材料。相信不久的将来，苦卤将会在我们的生产、生活中发挥越来越大的作用。

你知道吗？

变废为宝

看似“废物”的苦卤其实是一种难得的“珍宝”，它在食品、化工等方面有重要应用。同时，苦卤一旦被废弃排放，很容易渗入地下而影响水质或排入大海影响海洋生态环境。因此，开发苦卤资源势在必行。

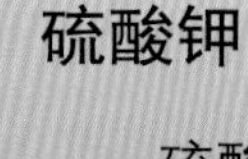

硫酸钾

硫酸钾是一种无色晶体，也是苦卤中可以提取的重要物质。除了作为农业生产中的肥料之外，硫酸钾还可以用于制作玻璃、香料、燃料甚至药品。

氯化钾

氯化钾外表跟食盐很像，味道极咸，无臭无毒，用途非常广泛。目前，氯化钾主要用于制造各种化工原料、消炎剂、利尿剂及防治缺钾症的药物等。

氯化钙

氯化钙是典型的苦卤产物，也是一种重要的化工产品，被广泛地应用于工业领域、食品行业及农业等领域。

硫酸镁

硫酸镁也是苦卤化工的重要产品。这是一种非常重要的农业肥料，也是良好的建筑原材料，在医药和工业领域同样具有重要的作用。

拓展　苦卤化工的绿色循环经济

自古以来，苦卤就是海水制盐的重要副产品。以前，人们并没有对这种宝贵的液体资源进行利用，造成了极大的环境污染和浪费。现在，世界各国都已经开始着手改变传统生产工艺，开发新技术对苦卤进行利用，实现绿色循环经济。

海水淡化

地球上的淡水资源非常有限，很多地方的人们都面临着缺水的威胁。很早以前，人们就幻想，如果海水可以饮用，人们就再也不用担心缺水了。然而，海水含盐量高，直接饮用会带来生命危险。于是，人类就发明了海水淡化技术，把海水中的盐分和水分进行分离，制造出淡水。随着这项技术的成熟和推广，“永不缺水”已经不再是梦。

海水成分

海水之所以又咸又苦，是因为其中溶有氯化钠、氯化镁、硫酸镁、碳酸镁等各种盐类。经分析，海水中含有 80 多种化学元素和气体，主要元素有氯、钠、镁、硫、钙、钾、溴、碳、硼、氟和锶。

海水淡化副产物——浓缩盐水

海水经过淡化之后会分离成两部分：淡水和浓缩盐水。淡水可以用于人们的生产和生活，而浓缩盐水是含盐浓度更高的海水。科学家们利用高科技“变废为宝”，从浓缩盐水中制盐，提纯钠、镁、溴等及其化合物。

你知道吗？

海水淡化养活了多少人

现在，全球有海水淡化厂 1.3 万多座，每天能为人类提供约 3500 万立方米左右的淡水。这些淡水解决了 1 亿多人的用水问题。随着海水淡化技术的发展，它能养活的人必将越来越多。

海水淡化潜力巨大

以往，海水淡化成本过于昂贵，主要在“水比油贵”的中东沙漠地区使用，以解决当地淡水短缺问题。近些年来，我国淡水短缺问题越来越严重。与此同时，随着膜技术等海水淡化关键技术的掌握，海水淡化成本大幅度下降。这项技术的开发潜力也随之越来越大。

拓展　海水淡化方法的发展

很早以前，航海家们就开始尝试进行海水淡化，解决航行中淡水短缺的问题。当时，船员们利用船上的火炉煮沸海水，收集水蒸气，等其冷却凝结，就得到了淡水，这就是最古老的海水淡化技术——蒸馏法。现在，人们已经开发出了20多种海水淡化技术，其中蒸馏法、电渗析法、反渗透法和冷冻法都已经开始大规模运用。

海冰利用的前景

海冰包括来自陆地与河流的淡水冰（冰山或河面浮冰），也包括海水直接冻结而成的咸水冰。海冰会封锁航道和港口，严重威胁舰船航行和海上生产安全，但同时也具有可再生和低含盐量的特征，是开发潜力巨大的淡水资源。

海冰低含盐量

海冰虽然是海水冻结而成，但含盐量远低于海水。当地海水的含盐量、结冰过程的快慢都影响着海冰的盐度。极地海域有些海冰已经形成了数百年甚至上千年，它们的盐度几乎为零。

北极熊爬上海冰

海洋百科

海冰水灌溉

如果把可以再生的海冰融化淡化成水，用于浇灌农田作物，海边的农民们就再也不用担心灌溉问题了。我国科学家们已经尝试利用海冰水灌溉小麦、玉米、棉花等作物，取得了成功，展示了海冰水农业利用的广阔前景。

海冰采集淡化技术

我国是世界上率先开展海冰资源淡化研究和实际开发利用的国家。1995年，我国提出并组织开展渤海海冰资源淡化的基础研究。著名的“海冰固态重力脱盐法”就是我国科学家发明的。

拓展

海冰之灾

海冰开发价值巨大，但海冰过多未必是好事。1969 年 2 月，渤海发生百年不遇的大冰封灾害，整个渤海被厚厚的海冰封堵了 50 天之久。大量船只被困、搁浅甚至挤坏，渤海沿岸的生产运输陷入停滞，给人们带来了巨大的经济损失。

海冰可再生

海冰之所以取之不尽，用之不竭，是因为在寒冷的海域，每年冬天海水表层都会结出厚厚的冰。挪威、芬兰、俄罗斯等极地国家就可以年复一年地从北极海域提取海冰使用。

第七章　海洋空间资源

随着世界人口的不断增长，陆地可开发利用空间越来越狭小，而浩瀚的海洋是地球上最大的空间，它不仅拥有辽阔的海面，更拥有深厚的海底和潜力巨大的海中。无论是海上桥梁、海上机场，还是海底隧道、人工岛和海上城市，都是人类向大海“要来”的空间。未来，海洋将是人类生存发展的新希望。

海上运输

海上运输是在广阔的海洋上借助船舶进行人员、货物和资源运输，它包括海港码头、运输船舶和海上航道等要素。因为运载量大、运输能力强、运费低廉，海上运输一直是海洋空间资源开发的支柱产业。目前，全世界三分之二以上的国际货物运输都是靠海上运输完成的。

海运的诞生史

早在 6000 多年前，古埃及人就已经开始借助帆船航海，最早的海上运输也从那时出现。古老的帆船承载着中国、印度、欧洲各国的千年航运史，也造就了无数的繁华和文明。直到 1902 年，现代轮船开始出现，海运从此得到了极大发展，成为社会生产的一个重要行业。

你知道吗？

先进的中国古代航海技术

中国古代的航海技术非常发达。凭借丰富的天文观测经验，中国古代航海家发明了“牵星术”进行夜间航行。借助领先于世界的航海盘和造船技术，中国的船只纵横万里，驰骋于太平洋和印度洋之上，让中华美名传颂四方。

繁忙的海上运输

我国航运业

我国拥有漫长的海岸线和无数优良的海港。早在 1000 多年前，中国的船只就已经能够远航到达非洲。现在，随着中国经济的蓬勃发展，我国的航运事业越来越兴盛。目前世界十大港口中有 7 个在中国。

“海上生命线”

马六甲海峡位于马来半岛和苏门答腊岛之间，它是连接太平洋与印度洋的“咽喉要道”。来自中东的石油、中国的机电产品、日本的电子产品、非洲的资源都要从这里经过。可以说，这座海峡是许多国家的经济命脉，因此，它也享有“海上生命线”之称。

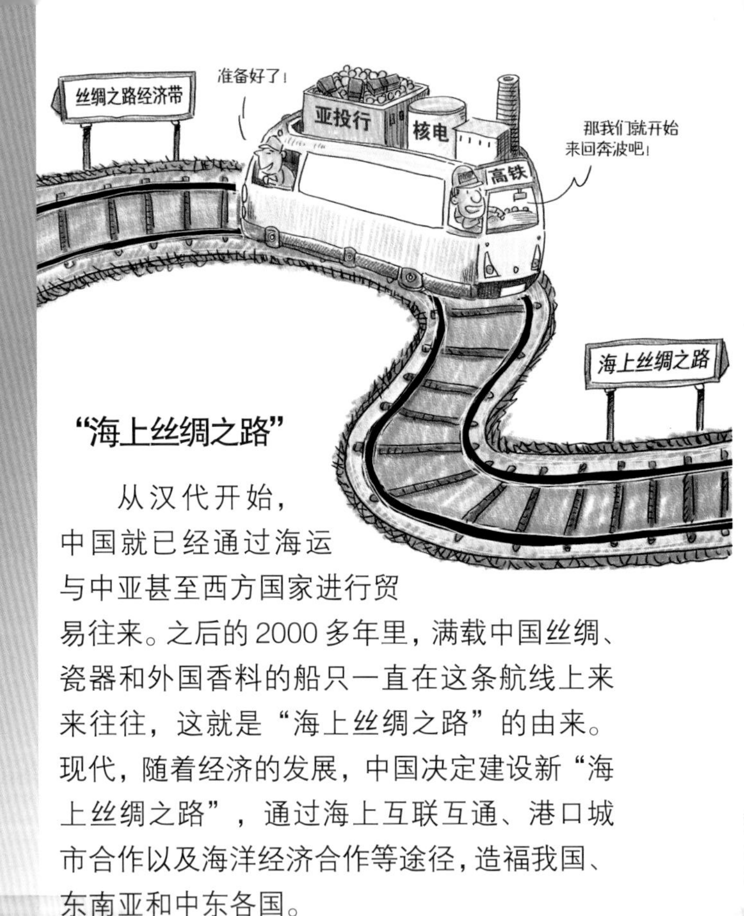

“海上丝绸之路”

从汉代开始，中国就已经通过海运与中亚甚至西方国家进行贸易往来。之后的 2000 多年里，满载中国丝绸、瓷器和外国香料的船只一直在这条航线上来来往往，这就是“海上丝绸之路”的由来。现代，随着经济的发展，中国决定建设新“海上丝绸之路”，通过海上互联互通、港口城市合作以及海洋经济合作等途径，造福我国、东南亚和中东各国。

拓展　世界知名的海上贸易通道

世界上有 8 条著名的海上航线，它们分别是：苏伊士运河航线、好望角航线、北太平洋航线、巴拿马运河航线、南太平洋航线、南大西洋航线、北冰洋航线和北大西洋航线。这 8 条航线都是重要的海上贸易和交通运输通道。

港口

港口是船舶进出停泊、装卸货物、上下旅客、补充给养的交通枢纽。这里是人们开发利用海洋空间的主要场所。现代化的港口不仅是一个简单的货物交换场所，而且是国际物流链上的核心环节之一，对于国家综合实力的提升、综合运输的完善等具有十分重要的作用。

码头卸货

码头

码头是海边、江河边供船舶停靠、装卸货物和上下旅客的人工建筑物。它是港口建设的基础，也是港口货物运输的核心。

浮式码头

浮式码头就是浮在水面上，可随着水位升降而升降的码头。这种码头由趸船和活动引桥组成，主要用于海上石油和天然气的运输。

港口工程

港口工程是兴建港口所需的各项工程设施和工程，它包括港址选择、工程规划设计及各项设施的修建。目前，我国港口结构的大型化、机械化和专业化水平已经步入世界先进行列。

泊位

泊位是指港口内能停靠船舶的位置，是专门进行装卸货物的场所。泊位的数量与大小是衡量一个港口或码头规模的重要标志。

港口堆场

港口堆场又称货场，是港口用以堆存和保管待运货物的露天场地，供货物在装船前和卸船后进行短时期的存放。

拓展　世界著名的大港口

荷兰鹿特丹港是欧洲的“海上门户”。

马六甲海峡旁边的新加坡港是连接东亚和西亚、欧洲、非洲的“海洋咽喉”。

美国纽约港是美洲海运网络的中心。

德国汉堡港庞大而先进，被称为“欧洲最快的转运港”。

中国的上海港是目前世界第一大港。

顺岸式码头

顺岸式码头就是沿着岸边建设的码头，它广泛应用于河港和海港。我国的顺岸式码头有广东深圳经济特区蛇口工业区顺岸式码头、上海外高桥顺岸式码头，以及青岛港顺岸式码头。

中国著名的港口城市

港口城市是依托港口建设起来的城市，一般位于湖泊、江河等水域沿岸，拥有港口并具有水陆交通枢纽职能。条件优越的港口城市不断发展，成为现在重要的经济贸易中心。

香港

香港是多元化交融的国际都市，香港港是全球最繁忙、效率最高的国际集装箱港口之一。国际金融中心是香港作为世界级金融中心的著名地标，位于香港岛中环金融街 8 号，面向维多利亚港。总楼面积达 43.6 万平方米。

青岛

青岛绿化程度很高，绿意浸满整座城市，被誉为“青青之城”。2008 年，青岛成功承办了第 29 届奥林匹克运动会和第 13 届残疾人奥林匹克运动会的帆船比赛，赛事水平得到了国内外的一致好评。青岛奥林匹克帆船中心被誉为“亚洲最好的奥运会场馆”。

上海

上海是中国的经济、金融中心，繁荣的国际大都市。上海的海派文化建立在中国江南传统吴越文化的基础上，与开埠后传入的欧美文化等交融后逐步形成，既古老又现代，既传统又时尚。

天津

天津景色优美、物产丰富、文化荟萃，具有浓厚的天津地方民风民俗和丰富生动的近代历史遗迹，是一座历史悠久的文化名城，也是一座充满现代活力的国际港口都市。

广州

广州是一座有悠久历史的文化名城；是中国对外贸易的重要港口城市；是中国第三大港口，港口货物吞吐量居世界港口第五位；是珠江三角洲以及华南地区的主要物资集散地和最大的国际贸易中枢港。

宁波

宁波是浙江的经济中心之一。这里山清水秀、文化荟萃。属于典型的江南水乡兼海港城市，是中国大运河南端出海口、“海上丝绸之路”东方始发港。

大连

大连冬无严寒，夏无酷暑，风景十分秀丽。其中的大连滨海国家地质公园是中国唯一的海岸带喀斯特地貌国家地质公园。园区岸壁的奇石景观形态各异、惟妙惟肖。

人工岛

许多滨海国家和城市为了解决城市发展问题，采用人工岛的方式拓展空间。人工岛就是人工建造的岛屿，它是人类利用现代海洋工程技术建造的海上生产和生活空间，可用于建造石油平台、深水港、飞机场、核电站、钢铁厂等。

古代人工岛

人工岛的历史很长，我国明朝已有海上造岛的文字记载。古代人工岛规模较小，分为渔墩、潮墩和烟墩，其中渔墩和潮墩是渔民和盐民躲避大潮或风雨的场所，烟墩又称烽火墩，是保卫海防的一种军事设施。

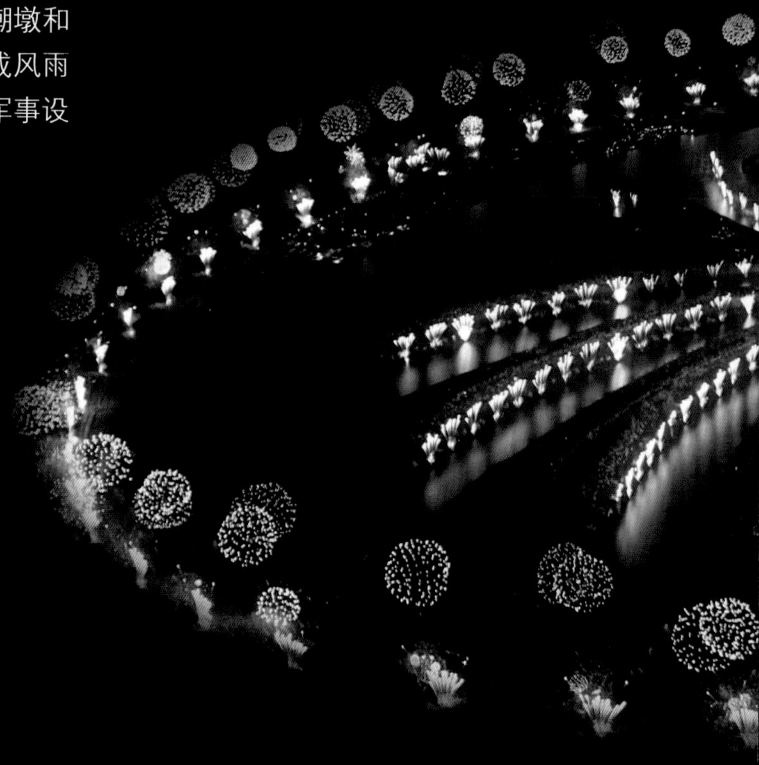

香港会议展览中心

香港会议展览中心坐落在维多利亚港一个面积约 6.5 公顷的人工岛上，它是世界最大的展览馆之一，独特的飞鸟展翅式形态，给美丽的维多利亚港增色不少。

你知道吗？

垃圾人工岛

人们向海洋中丢弃过无数的废弃物，许多塑料垃圾会常年漂浮在海面上。为了治理这些垃圾，荷兰科学家提出了建造“垃圾人工岛”的构思。这座“垃圾人工岛”将依靠太阳能和海浪能提供能源，足可供 50 万人在岛上安居乐业，过上自给自足的生活。

围海造田

围海造田就是在海滩和浅海上建造围堤，阻隔海水，随后排干围堤内积水使之成为陆地。这种造陆方式由来已久，早在 2000 多年前，我国就开始围海造田。目前，荷兰、日本、阿联酋、中国都是围海造田技术较发达的国家。

俄罗斯人工岛

为了迎接 2014 年索契冬奥会，俄罗斯在索契市附近的黑海海域兴建了一座占地 350 万平方米的人工岛。这座人工岛的外形完全依照俄罗斯版图而建，最多可容纳 2.5 万人居住，可以说是一个“袖珍版俄罗斯”。

修建人工岛

珠澳口岸人工岛

珠澳口岸人工岛是港珠澳大桥与珠海、澳门两地的衔接中心，总面积约 200 万平方米，相当于近 300 个足球场大。这座人工岛不仅能抵御 300 年一遇的大洪潮，还建有环岛公路和景观带，具备观光功能。

拓展

世界上最大的人工群岛

迪拜朱美拉棕榈岛是世界上最大的人工群岛，号称“世界第八大奇迹”。这座人工岛非常先进，岛上桥梁、灌溉网络、自来水输送网、天然气管道、通信、卫生系统、电网、公路、海洋俱乐部、消防系统、通往外围环形岛屿等设施应有尽有。

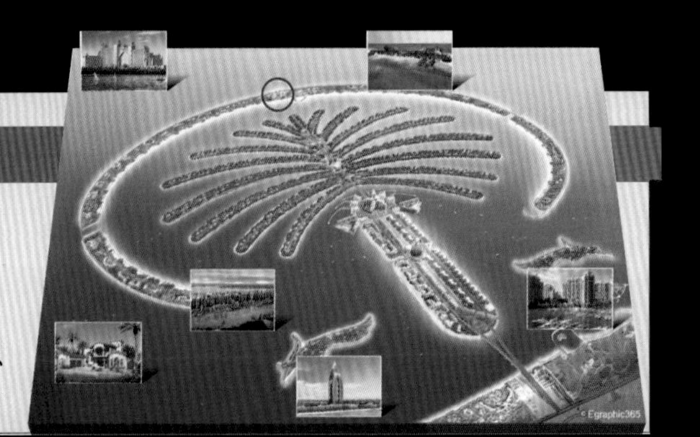

海上机场

机场建设无疑需要非常广阔的土地，而且要远离人口聚集区，防止噪声扰民。聪明的人们把目光转向了广阔的海洋。在海上建造机场既能减轻地面的空运压力，又能减少飞机噪声和废气对城市的污染，而且还可以使飞行员视野开阔，保证飞机起飞和降落时的安全。

澳门国际机场

澳门国际机场是中国第一个完全由填海造陆而建成的国际机场。它的建成架起了澳门通往世界各地的空中桥梁，提升了澳门在国际上的知名度，并极大地促进了澳门的发展和长期繁荣。

日本关西国际机场

日本关西国际机场是世界上第一个完全由填海造陆而建成的国际机场，也是世界上最大的浮动式海上机场。这座海上机场是人类的一次伟大壮举，在当时被誉为“轰动世界的奇迹”。

香港国际机场

香港国际机场是世界上最大的海上机场，占地约 1255 公顷，每年可接纳约 3500 万旅客。这座机场由两座较小的岛屿以及填海地合并而成，是填海建设的优秀成果。自建成之后，这里一直是世界上最繁忙的货运中心之一，曾被评为“20 世纪全球十大建筑”之一。

拓展 **海上机场的缺点**

海上机场虽然拥有地域广阔、视野开阔和远离噪声的优势，但同样也有不少缺陷。首先，海上机场造价非常高昂，建造一座海上机场花费的资金足够建造 10 座同等规模的内陆机场；其次，飞机的频繁起降会使海上跑道出现裂纹，这将给飞行安全带来致命隐患。

海上机场

海洋工程的创举

机场发展至今已经有 100 多年的历史，海上机场也已经发展了 30 余年。目前，全世界已有许多海上机场，它们为人们的旅行交往和货物的运输传送贡献了巨大的力量。

海底建筑

随着科技的发展，人类的脚步越来越远。从干燥的沙漠、浩瀚的天空，到遥远的月球都留下了人类的足迹。现在，人类已经开始尝试在幽深的海底建设美丽的海底建筑。相信不久的将来，漆黑的海底将不再寂寞。

人类的第二家园

与没有氧气、一片死寂的太空相比，海底无疑是一座生机勃勃的乐园。因此，人们将开发第二家园的希望放在了幽深的碧海之下。海底城市就是完全利用海洋资源的杰作。

你知道吗？

海底城市的建造难题

人们很早以前就有了建立海底城市的想法。之所以到现在还难以彻底展开实施，一方面是因为海底供氧难，另一方面是因为海底水压大。目前虽然已经可以解决部分难题，可是建造起来需要太多资金，所以还需要等待科技的继续发展。

马尔代夫海底餐厅

在马尔代夫有一座著名的海底餐厅。它建设于海平面以下 6 米处的一个珊瑚礁上，是世界上第一家全玻璃的海底餐厅。这家餐厅可容 12 人同时就餐，人们可以一边享用美食，一边欣赏窗外穿梭的美丽海洋生物，惬意非常。

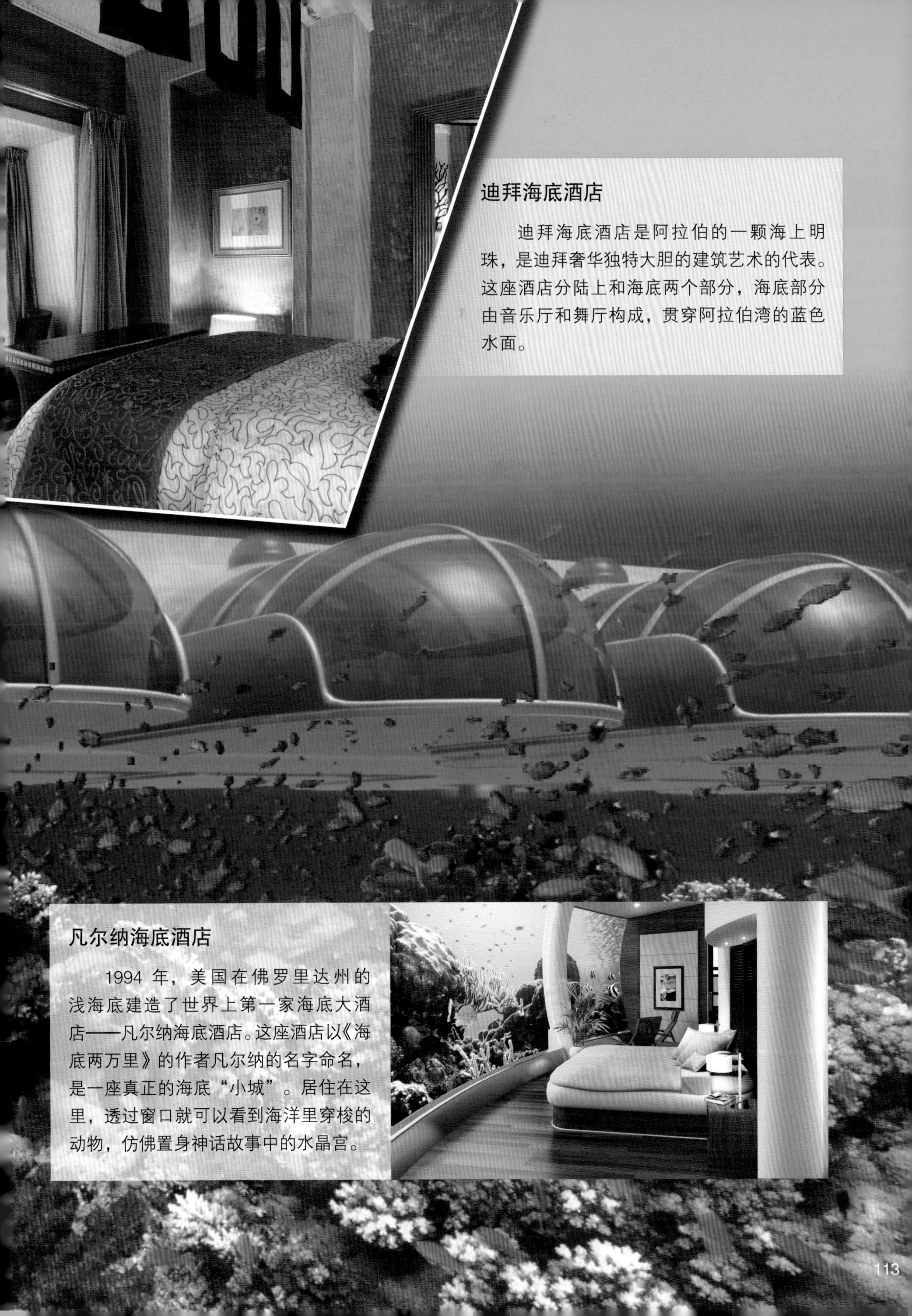

迪拜海底酒店

迪拜海底酒店是阿拉伯的一颗海上明珠，是迪拜奢华独特大胆的建筑艺术的代表。这座酒店分陆上和海底两个部分，海底部分由音乐厅和舞厅构成，贯穿阿拉伯湾的蓝色水面。

凡尔纳海底酒店

1994 年，美国在佛罗里达州的浅海底建造了世界上第一家海底大酒店——凡尔纳海底酒店。这座酒店以《海底两万里》的作者凡尔纳的名字命名，是一座真正的海底“小城”。居住在这里，透过窗口就可以看到海洋里穿梭的动物，仿佛置身神话故事中的水晶宫。

跨海大桥

跨海大桥是横跨海峡或海湾的海上桥梁，连接海峡或陆地与岛屿之间的交通。这种大桥一般非常长，对建造技术要求很高，是人类利用海洋空间的一种方式，也是人类科技发展的杰作。

胶州湾跨海大桥

胶州湾跨海大桥是当今世界上最长的跨海大桥，它全长36.48千米，横跨胶州湾东西两岸，大大改善了青岛市的交通状况。这座大桥创造了我国乃至世界的数项“桥梁之最”，是我国桥梁史上辉煌的篇章。

杭州湾跨海大桥

杭州湾跨海大桥全长 36 千米。它的施工工艺的科技含量非常高，是我国先进建筑技术的体现。这座大桥不仅外形优美灵动，而且还可以抵抗 12 级以上的台风，非常坚固耐用。

海沧大桥

海沧大桥坐落在厦门西港中部，是从厦门岛通往海沧的一座内海湾公路大桥。这座大桥是亚洲第一座特大型三跨连续全漂浮钢箱梁悬索桥，其建筑工艺代表着 20 世纪中国建桥水平的最高成就。

厦门大桥

厦门大桥是我国第一座跨越海峡的公路大桥。这座大桥的建成不仅改善了厦门陆路运输条件，而且大大加强了厦门与岛外的联系，使厦门经济特区实现了真正的腾飞。

港珠澳大桥

港珠澳大桥是我国正在建设中的一座超级跨海大桥，这座大桥全长为 49.968 千米，连接香港大屿山、澳门半岛和广东省珠海市。2016 年 9 月 27 日，港珠澳大桥主体桥梁正式贯通，预计 2017 年年底建成通车。

海底隧道

在海峡或者海湾建设大桥虽然便捷，但会影响一些大型轮船的通过航行。于是，许多发达国家开始尝试以建设海底隧道的方式沟通海峡和海湾。海底隧道不占地，不妨碍航行，不影响生态环境，是一种非常安全的全天候的海底通道。

CROSS-HARBOUR TUNNEL

香港海底隧道

香港拥有广阔的海洋空间，海底隧道就成为这里重要的运输方式。目前，香港特别行政区共有 3 条海底隧道：港九中区海底隧道、港九东区隧道、港九西区隧道。它们越过维多利亚海峡，把港岛与九龙半岛连接起来，使日益繁荣的香港交通无阻。

我国最长的海底隧道——胶州湾隧道

山东青岛和黄岛两地虽然距离很近，但以往交通非常不便。后来，这里建成了一条全长 9.47 千米的海底隧道——胶州湾隧道。原本坐船需要 40 多分钟的路程缩短到驾车 5 分钟可过。

厦门翔安隧道

厦门翔安隧道是我国内地第一条海底隧道，全长 8.695 千米，其中海底段隧道长 6.05 千米，最深处位于海平面下约 70 米。翔安隧道的光线很好，并且隧道内装有国内最先进的消防系统，安全措施很好。

英吉利海峡隧道

英吉利海峡隧道又名欧洲隧道，它把孤悬在大西洋中的英伦三岛与欧洲大陆紧密地连接起来，为欧洲交通史写下了重要的一笔。此后滔滔沧海变通途，英国与整个欧洲的贸易往来便利了很多。

大连湾海底隧道

大连湾海底隧道连接大连市核心区与金州新区，是中国交通建设史上又一项技术条件复杂、环保要求高、建设要求及标准极高的跨海交通工程。它在 2014 年全面启动，预计 2019 年完工，被称为大连市的“超级工程”。

拓展

设计中的渤海隧道

目前还在计划中的渤海隧道，是连接山东省蓬莱与辽宁省旅顺的跨海海底通道。这条隧道位于渤海出海口之下，设计全长 123 千米。建成后将成为世界最长的海底隧道，大大加深辽宁和山东两省之间的经济往来。

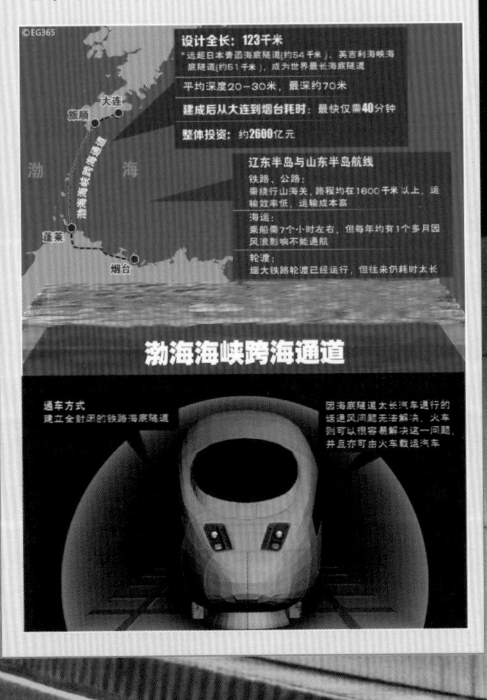

海底电缆

海底电缆是将包裹的导线铺设在海底用于电信传输的通信线路。静静躺在海底的电缆纵横交错，如同人的神经，形成快捷、高效的“海底网络”，将电力和通信信号传遍地球的各个角落。

海底电缆的优势

在海底铺设电缆具有众多优势。一方面，海底铺设不需要挖坑道或用支撑，因而投资少，建设速度快；另一方面，海底电缆大多在幽静的海底，不容易受风浪等自然环境的破坏和人类生产活动的干扰。

我国最长的海底电缆

目前我国最长的海底电缆是海南联网工程中连接广东湛江徐闻和海南海口林诗岛的海底电缆，全长30千米。这项工程投产之后显著提高了海南电网的抗台风、抗风险能力，保证了供电质量。

海洋百科

光缆

海底电缆分为海底通信电缆和海底电力电缆，其中，通信电缆现已采用光纤为材料，所以也叫光缆。海底光缆是互联网信息传播的主干道，也是当前信息时代的支撑力量。

我国第一条海底电缆

全世界第一条海底电缆是1860 年在英国和法国之间铺设的。我国于 1888 年建成的沪尾川石水线是我国电信史上第一条海底电缆，它位于福州川石与台湾沪尾（淡水）之间，长 177 海里，主要用于保持海峡两岸的密切联系。

拓展 唯一未铺设海底电缆的南极洲

南极海域拥有高达 10 米的冰流、-80℃的温度，恶劣的自然条件使得在那里铺设电缆异常困难。因此，南极洲是唯一没有海底电缆的大洲，在南极所有电话、视频和电子邮件都必须通过卫星。

不同的旅游乐趣

在海上旅行具有与陆地迥然不同的趣味，游客可在海上观看日出日落，划船，进行海水浴以及各种体育和探险项目，如游泳、潜水、冲浪、钓鱼、驰帆、赛艇等。

冲浪

冲浪号称勇敢者的游戏。想象一下，脚踩单薄的冲浪板，在汹涌的海水中穿梭，在大海的咆哮声中灵巧地出没，这是一种多么刺激的运动啊！

海洋旅游

海洋旅游是以满足游客观光、休闲度假、娱乐健身、求知探险和个人其他特殊爱好为旅游目的的一种综合性旅游产业。它不仅污染小，而且效益高，能给人类带来健康和享受。

海底潜水

潜水

潜水是近年来深受游客欢迎的海滨旅游方式。当你穿着潜水服徐徐潜入清凉明澈的海水中，穿梭在美丽的珊瑚丛里，阳光在水下瑰丽地折射，鱼儿和海龟在身旁亲昵地嬉戏，海底世界的奇妙浪漫显露无疑。

丰富的旅游资源

海洋旅游资源非常丰富，而且多种多样。在气候宜人的海滨城市，人们可以呼吸清新的空气，品尝美味的海鲜，悠闲地进行避暑、休闲和疗养；在风光美丽的海岸和海岛，人们可以饱览独特的海滨地貌，享受游泳、冲浪等乐趣；在幽深瑰丽的海底，人们可以欣赏各种神奇的海洋生物，探索神秘的水下遗迹……

健康的旅游方式

海洋附近一般气候宜人，阳光充足，空气中含有高浓度的负离子，对人体健康有明显的益处。辽阔的大海还能使人开阔胸襟，身心得到彻底放松。此外，多种多样的海滨运动方式可以锻炼身体。正因如此，海滨旅游被认为是一种非常健康的旅游方式。

地球上最大的“景点”

海洋上拥有滩、崖、沟、谷、山等各种形态地貌；海洋里还拥有鲸、海龟、鱼等各种神奇美丽的生物；它们共同构成了世界上最大、最神奇、最美丽的景观，为人类开辟了广阔多姿的旅游休闲空间，满足着人类精神生活的需要。

你知道吗？

“海上城市”

乘坐游轮出海旅行是许多人的梦想。现在，先进的海上邮轮犹如一座小型“海上城市”，餐厅、购物街、舞台、游泳池、酒吧，各种娱乐设施应有尽有，给游客们带来了不同凡响的旅游体验。

海底遗迹

在幽深的海底，埋藏着人类过往无数的繁华。千万年前，也许是一次火山喷发，也许是一次大地震，让一座座建筑精巧、工艺高超的城市沉睡在了大洋深处。这些海底遗迹记录着人类的文明历史，对于人们的考古研究意义重大。

埃及古城

在埃及的尼罗河入海口，曾经耸立着两座闻名于世的古城，赫拉克利翁古城和东坎诺帕斯古城。这两座古城曾经是埃及繁华的贸易中心，以繁华富有和规模宏大而著称。后来，随着尼罗河水一次又一次的泛滥，这两座古城最终消失在了泥沙之中。

神秘的亚特兰蒂斯

亚特兰蒂斯是传说中的海上文明古国，它位于大西洋东侧，拥有巨额的财富和极其发达的超级文明。据说，这个古国是当时海洋的统治者，那里的人信奉海神波塞冬，建设有美丽的水下城市。后来，这座传奇的城市离奇地在一天一夜间消失在了大海中。

曾经的文明

绝大多数海底遗迹都来源于数千年前甚至上万年前。它们的存在，证实着在我们未知的史前时代，曾经拥有高度发展的人类文明。这些文明很可能因为遭受某些变故而消失，仅留下片段残骸沉于海中，作为曾经辉煌的证据。

“海盗之都”

在17世纪，牙买加皇家港口是加勒比海地区重要城市之一，它因海盗而臭名昭著，被称为“地球上最邪恶的城市”。1692年，一场巨大的地震将该市震成一片废墟，这座城市也因此而消失，最终被大海所吞没。

与那国岛古城遗迹

半个世纪前，人们在琉球群岛的与那国岛南端海底，发现了一大片人造建筑物的遗迹。这里有各种平台、街道、祭坛、楼梯及拱门等建筑，还有许多精巧的雕像，它们共同组成了一座庞大的古城遗迹。

拓展

海底古城墙

台湾澎湖列岛水下有一座古城名叫虎井沉城。这座古墙遗址呈十字形，主体为玄武岩，表面长满海草，面积约3万平方米。跟许多海底遗迹一样，虎井沉城的文明来源依然无法判断。

百慕大金字塔

欧洲科学家在著名的百慕大三角洲海底发现了一座巨大的金字塔。这座金字塔长300米、高200米。塔上有两个明显为人工建造的巨洞，海水急速从洞内流过，形成巨大漩涡，使附近水域波涛汹涌、雾气腾腾。这座金字塔究竟是什么文明建造的？至今仍众说纷纭。

沉船寻宝

从古至今，无数艘满载珍贵货物的船只葬身于无边的大海。众多城市因地震、火山喷发、海啸等灾难沉睡在了海底。大海埋葬了无数的宝藏和财富，它们至今仍然等待着人们的寻找和发现。

海底沉船

1912 年，豪华巨轮“泰坦尼克号”从英国的南安普敦出发驶往美国。这是当时世界上最大最豪华的客轮，可它却在自己的第一次航行中撞到冰山不幸沉没。这次灾难不仅造成了 1500 多人丧生，而且带来了巨大的经济损失。2012 年，泰坦尼克号的遗物拍卖了约 11 亿元人民币。

拓展 长眠海底的“金山”

1857 年 9 月，一艘运金船因为飓风在美国南卡罗来纳州南部海岸沉没。这次灾难不仅造成 425 人丧生，而且造成 13600 千克黄金沉没于海底。后来，这艘沉船被专门从事深海探测的奥德赛海洋勘探公司发现并开展打捞。

我国海底考古发现

明朝时，一艘满载货物的商船沿着“海上丝绸之路”向南行驶，因失事沉没于我国广东省汕头市南澳县附近海域。这艘船后来被发现并命名为“南澳一号”，经过复杂的水下考古发掘，“南澳一号”共出水文物近 3 万件，包括瓷器、陶器、金属器等。

探索海底沉船

你知道吗？

淹没的宝藏

在漫长的世界海运史上，平均每 30 小时就有一艘航船葬身大海。据考古学家估计，在全球的海洋中共有数十万艘沉船。这些长眠海底的宝船不仅引起了考古学家的极大兴趣，还吸引了无数的寻宝者。

世界五大著名沉船

世界五大著名沉船包括：1545 年沉没的英国军舰“玛丽·罗斯号”；1912 年沉没的邮轮“泰坦尼克号”；1915 年沉没的美国巡洋舰“路西塔尼亚号”；1941 年沉没的德国战舰“俾斯麦号”和 1982 年沉没的阿根廷战舰“贝尔格拉诺号”。

海底世界

博大深邃的海洋无时无刻不在演绎着气象万千的故事。神秘而多彩的海底世界无疑吸引着众多探险者的目光。奇特的动物、恐怖的传闻、特殊的地貌……你想去了解它们吗?

畅游海底世界

随着生活水平的提高和海洋的广泛开发，越来越多的人们希望穿戴潜水器材或者乘坐潜水器械，前往幽深的海底欣赏平时看不到的神奇景观。于是，海底婚纱照、海底旅游等有趣的活动日渐兴起，人们与大海越来越亲密。

海底观光

海底观光是人类以海底环境为中心开展的旅游活动。它包括海底世界半潜观光、珊瑚礁水肺潜水、海底漫步、深海潜水摩托、香蕉船、拖曳伞、徒手潜水、玻璃观光船等娱乐项目，能够给人们带来别样的体验。

神秘的海底温泉

海底温泉全部坐落在人类足迹难以到达的大洋底部。虽然它们与人们的生活远隔“千山万水”，却无时无刻不在影响着整个地球的环境。每年，海底温泉要向海洋中注入相当于世界河流水量三分之一的热水。总有一天，我们人类可以近距离去欣赏一下它的神奇景观。

海底火山爆发

海底火山

海底火山无疑是海洋中的一大奇观。热气腾腾、火红耀眼的火山喷出物与冰冷幽蓝的海水相照应，带来如云的热浪和蒸汽缭绕的美景。简直是现实版的“冰与火之歌”！

第八章　海洋灾害与生态保护

海洋是生命的摇篮。大海是美丽的，也是富饶的，它给地球带来无数美丽的奇观，也给人类带来了无尽的宝藏。同样，海洋也是强大的、可怕的，在它发脾气时，滔天巨浪奔涌而起，令无数家园破碎、船只消失，给人类带来了巨大的灾难。我们要合理利用海洋资源，保护海洋生态环境，以求人类与海洋和谐发展。

海洋动物之殇

海洋动物是人类忠实的朋友和伙伴，它们既维持着大海的生态平衡，又给人们提供着大量营养和财富。然而，无知的人类只顾贪婪地索取，给许多动物带来了灭顶之灾。

金枪鱼之殇

蓝鳍金枪鱼是世界上最大的金枪鱼。它们曾广泛分布于世界各大洋之中。然而，因为巨大的商业价值，人类开始毫无节制地捕杀这种动物。短短几十年下来，蓝鳍金枪鱼已经濒临灭绝。现在的海鲜市场上，一条蓝鳍金枪鱼动辄要卖上百万美元。可惜，这样的高价不仅没有警醒世人，反倒吸引渔民更加疯狂地对它们进行捕捞。也许不久的将来，这种鱼类将会彻底消失。

网里的金枪鱼

鲸之殇

由于海洋环境的恶化和人类的大量捕杀，曾经的“海洋霸主”鲸几乎遭受了灭顶之灾。以蓝鲸为例，在人类开始大规模捕杀之前，全世界共有超过 20 万头蓝鲸。现在，这个数字已经下降到了不足 4000 头。也许不久的将来，世界上最大的动物就会消失在历史长河里。

拓展

中途岛的信天翁之墓

位于太平洋中部的中途岛是信天翁的家园。每年七八月，成千上万只信天翁都会来到这里栖息生活。然而，当摄影师来到这里时，却拍摄到了一座巨大的“信天翁墓地”。烈日之下，信天翁的尸体与垃圾相伴，无数死去幼鸟的肚子里，各种塑料碎片和瓶盖塞满了它们的胃。而这些垃圾，竟然是信天翁妈妈不远千里为孩子带回的“食物”。

毛皮之殇

海獭凭借一身厚实的毛皮和高明的捕食技巧能够在寒冷的北极海洋内惬意生活。然而，正是这身毛皮给海獭带来了灭顶之灾。一个世纪以前，毛皮猎人一度将海獭推向灭绝的边缘。幸而后来人们幡然悔悟，才使得这种可爱的动物存活至今。

鱼翅之殇

难以想象，海洋中的“掠食暴君”鲨鱼也会因为被猎杀而濒临灭绝。据估计，全球每年有超过 1 百万条鲨鱼被捕杀，世界上鲨鱼的种群数目 50 年来下降了 80%。之所以造成这一切，只是因为人们以为鲨鱼的鱼翅具有很高的营养价值。但实际上，鲨鱼翅的营养价值就和普通的鸡蛋差不多。

海洋灾害

大海究竟有怎样的破坏力？相信那些灾害性的海浪、海冰、海啸和风暴潮已经用无数死伤证明了大海的威力。我们享受着大海带来的无尽财富，也要承受它带来的各种灾害。正是在这些灾难里，我们人类一步步成长，学会了和大海和谐相处。

台风

台风是热带洋面上形成的一种超强气旋，它的中心持续风速超过 12 级，拥有巨大的破坏能力。据科学家估算，一场中等强度的台风所释放的能量相当于上百个氢弹或 10 亿吨黄色炸药所释放能量的总和。

台风

拓展　渤海的特大冰封

1969 年，我国渤海发生了有记载以来最严重的一次特大冰封。海冰封锁了整个渤海，船只无法进出，石油平台被摧毁，海上交通瘫痪，给人们带来了惨重的经济损失。

海啸

海啸就是由海底地震、火山爆发、海底滑坡或气象变化产生的破坏性海浪。这种海浪有时可达数十米，形成含有巨大能量的“水墙”。一旦冲上陆地，就会严重破坏沿海陆地环境，造成巨大的人员伤亡和财产损失。

2004 年 12 月，印度尼西亚苏门答腊岛附近海域发生里氏 9 级地震并引发巨大的海啸，给印度洋沿岸各国人民带来了毁灭性的灾难。这次海啸遇难者总人数超过 29.2 万人，造成经济损失超过 1000 亿人民币。

海冰

少量的海冰对人类生活并没有太大的影响。然而，大规模的海冰灾害却有“白色杀手”之称。一旦海面冻结严重，就会导致大面积的海面封锁，使沿海港口和航道无法运行，给沿海经济及人民生命安全造成危害。

海洋百科

风暴潮

风暴潮是发生在海洋沿岸的一种严重自然灾害。这种灾害主要是由于剧烈的大气扰动，导致海平面急剧上升，引发巨大的潮水甚至海啸的现象。

灾害性海浪

灾害性海浪是6米以上的巨大海浪。这种海浪对航行在世界各大洋的绝大多数船只都能构成威胁，它经常掀翻船只，摧毁海洋工程和海岸工程，给航海、海上施工、海上军事活动、渔业捕捞带来灾难。

气候变暖

近一个世纪以来，人类在生产、生活中大量使用煤炭、石油等矿物燃料，排放出太多的二氧化碳等温室气体，导致全球气温不断升高，自然灾害加剧，两极地区冰川加速融化，海平面升高，许多沿海城市、岛屿或低洼地区面临着被海水吞没的威胁。

温室效应

导致全球变暖的主要原因是温室效应。二氧化碳等温室气体聚集在大气层中，就像一个玻璃大暖房。它们对太阳辐射放行，允许其进入地面，又对地面的热反射进行阻止，减少热量的散发，这就是温室效应。温室效应不断积累，就会造成全球气候变暖。

冰盖融化成河

你知道吗？

南极冰盖融化的危害

随着全球变暖的加剧，南极亘古不变的冰盖开始大规模融化坍塌，这导致世界海平面每年约上升 0.4 毫米。海平面上升不仅威胁着所有沿海居民的生活，而且威胁着无数海洋生物的生存。据估算，按照目前的融冰速度，到 2100 年，南极的阿德利企鹅就会从地球上消失。

节能减排从我做起

在短时间内，石油等化工燃料不可能退出我们的生产、生活。因此，控制全球变暖的首要途径只能是节能减排，珍惜能源，尽量不排放温室气体。比如，用完电视、计算机后完全断掉电源，减少塑料袋的使用，出门尽量乘坐公共汽车或骑自行车。这些举手之劳就能为拯救我们的地球贡献一份力量。

海洋酸化

大量的温室气体排放不仅引发了全球升温，而且还导致了海洋酸化现象。人们排放的温室气体会随着大气运动进入海洋，海水吸收了过量的二氧化碳导致酸性增加，改变了海水的化学平衡，使众多海洋生物乃至生态系统面临着巨大威胁。

拓展

即将消失的水城

唯美浪漫的水城威尼斯是人类在大海上建立起来的“奇迹之城”。然而，随着全球变暖的加剧，威尼斯人每天都能感受到水面上升带来的威胁。也许数十年后，这座美丽的城市就可能只存在于游客的回忆里了。

海洋污染

辽阔的海洋千万年以来始终是地球上最稳定的生态系统。然而，近几十年来，随着世界工业的发展、人类活动的增加，局部海域环境发生了巨大的改变，海洋生态系统遭到了破坏。这就是海洋污染，它正在损害着生物资源，危害着人类健康，破坏着海洋环境。

福岛核泄漏事故

2011 年 3 月 11 日，日本东北部海域发生 9.0 级的地震并引发海啸。这次地震导致世界上最大的核电站之一——日本福岛第一核电站的放射性物质发生泄露。当地超过 10 万人因此紧急疏散。泄漏的核放射物甚至随着海水漂流到了中国和美国沿海，给海洋生态环境带来了巨大的危害。

你知道吗？

渤海会变成中国的“死海”吗

“东临碣石，以观沧海。”1800 多年前，当曹操写下这首气势雄伟的诗篇时，他的眼前是一个水清、物丰、景美的渤海。然而现在，渤海已经遭受到了空前的污染，变成了“纳污池”和“垃圾场”，众多栖息在那里的海洋生物早已灭绝或迁移。如果再不采取治理措施，渤海变成“死海”的噩梦将会成为现实。

废水污染

废水是自然界三大公害之一，它主要包括生活污水、工业废水等几大类。其中，工业废水因为富含各种毒素及有害物质，引发的污染最为严重。工业废水如果不经处理就排放，就会污染江河、湖泊和地下水，最终随着径流污染海洋。

拓展 毛蚶大闹上海滩

1988 年 1 月，上海市发生了一次世界历史上罕见的甲型肝炎暴发流行事件，全市 30 万人被感染。后来证实，这一切都是因为人们食用被污染的毛蚶导致。人类制造的污染，在残害海洋生物之后，也会回过头来危害人类自己。

海洋垃圾

海洋垃圾

你知道吗？在太平洋海面漂浮着全球最大的垃圾岛，它的面积达 300 多万平方千米，有三分之一个中国那么大。这是海洋向人类提出的严重警告。增强海洋环保意识，共同呵护我们的“蓝色家园”刻不容缓！

厄尔尼诺

近年来，人们经常会从气象预报或者其他节目中听到“厄尔尼诺”这个名字。这种海洋气候现象影响了整个世界的气候模式，给人类带来了巨大的麻烦。那么，你知道什么是厄尔尼诺现象吗？

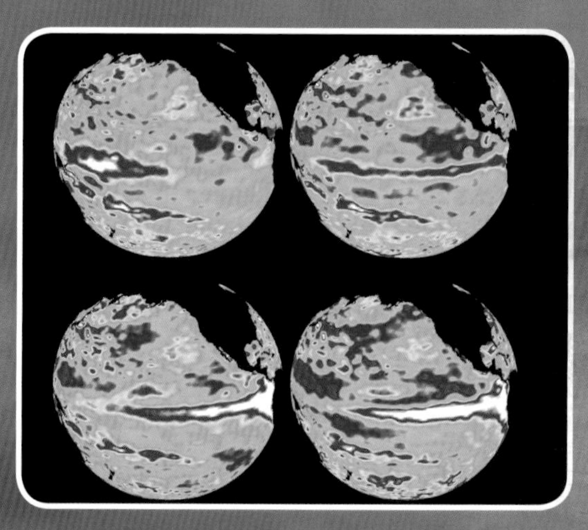

厄尔尼诺现象

厄尔尼诺现象又称圣婴现象，它原本是秘鲁、厄瓜多尔一带的渔民用以称呼一种异常气候现象的名词。它是太平洋东部和中部的热带海洋的海水温度异常地持续变暖，海洋和大气相互作用后失去平衡而产生的一种气候现象。

厄尔尼诺现象的成因

正常情况下，热带太平洋区域的季风洋流会从美洲流向亚洲，使太平洋表面保持温暖，同时给印度尼西亚周围带来降雨。当厄尔尼诺现象发生后，太平洋海面异常升温，风向和洋流随之发生逆转，太平洋表层的热流就转而向东流向美洲，带走了热带降雨，使地球出现大面积干旱。科学家研究发现，地球自转减慢可能是形成厄尔尼诺现象的主要原因。

厄尔尼诺的由来

100 多年前，南美洲厄瓜多尔和秘鲁等国家的渔民发现，每隔 4 年左右，当地沿海就会出现一股沿海岸南移的暖流，使表层海水温度明显升高。这股暖流改变了秘鲁渔场的寒冷水温，使得鱼类大量死亡，让渔民们遭受灭顶之灾。由于这种现象最严重时往往发生在圣诞节前后，因此当地渔民就将其称为上帝之子——圣婴（西班牙语厄尔尼诺）。

厄尔尼诺现象的影响

厄尔尼诺现象给地球气候带来的影响是全方位的。在它出现的年份，太平洋中东部及南美太平洋沿岸国家洪涝灾害频繁，同时印度、印度尼西亚、澳大利亚一带则严重干旱，世界各地的农作物都会受到影响。美国历史上破坏性最大的飓风“卡特琳娜”就是厄尔尼诺现象引发的。

厄尔尼诺现象对中国的影响

虽然中国与秘鲁远隔一个太平洋，但依然会受到厄尔尼诺现象的影响。对于中国来说，厄尔尼诺现象易导致暖冬，南方易出现暴雨洪涝，北方易出现高温干旱，东北易出现冷夏。千万不要小瞧这些气候变化，它带来的灾难甚至比一场地震都大！

拓展 最严重的厄尔尼诺现象

1982 年 4 月至 1983 年 7 月，史上最严重的一次厄尔尼诺现象袭击了地球，它导致太平洋东部至中部水面温度比平常高出约 4~5℃，导致全世界 1300~1500 人丧生，造成经济损失近百亿美元。

拉尼娜

大自然是神奇的，也是公平的。在厄尔尼诺灾害发生后，海洋母亲会自动对厄尔尼诺造成的反常气候表现进行矫正，给干旱的地方补充水分，让洪涝的地方恢复干燥。然而，有些时候海洋母亲的矫正会过度，反而造成新的灾害，这便是拉尼娜现象。

拉尼娜现象的成因

表层海水的运动主要受到风的影响。正常状态下，信风把大量暖水吹送到赤道西太平洋地区，使得东太平洋海温比西太平洋明显偏低。当信风突然加强时，就会导致高温暖水在热带西太平洋地区堆积，成为全球水温最高的海域，而东太平洋水温就过低，引发气候灾害。这就是拉尼娜现象的由来。

海洋百科

拉尼娜与厄尔尼诺

拉尼娜现象与厄尔尼诺现象是完全对立的两种气候现象，尽管它们的成因与表现都截然相反，但这两种气候灾害联系密切。据统计，绝大多数拉尼娜现象都发生在厄尔尼诺之后的第二年。科学家们分析，拉尼娜现象就是由前一年出现的厄尔尼诺现象造成的庞大冷水区域在东太平洋浮出水面后形成的。

拉尼娜现象

与厄尔尼诺现象正好相反，拉尼娜现象是指赤道太平洋东部和中部海面温度持续异常偏低的现象，是热带海洋和大气共同作用的产物。拉尼娜是西班牙语“圣女”的意思，也被称为“反厄尔尼诺”或“冷事件”，它是指赤道附近东太平洋水温反常下降的一种现象，表现为东太平洋明显变冷，同时也伴随着全球性气候混乱。它总是出现在厄尔尼诺现象之后。

拉尼娜现象对中国的影响

与厄尔尼诺现象一样，拉尼娜现象同样影响着我国的气候。拉尼娜现象导致我国东北地区气温偏高，影响着我国粮食基地的产量。除此以外，在拉尼娜年份，我国华北地区通常降水量较大，容易产生洪涝灾害。

拓展 拉尼娜现象与中国 1998 年大洪水

1998 年，中国长江流域发生了特大洪水灾害。这场历史罕见的大洪水成灾面积约 1.96 亿亩，受灾人口约 2.23 亿人，死亡约 4150 人，倒塌房屋约 685 万间，直接经济损失约达 1660 亿元。许多海洋学家认为，这次洪灾正是由"厄尔尼诺－拉尼娜现象"和长江流域生态恶化共同引起的。

大地龟裂

拉尼娜现象的影响

拉尼娜现象引发太平洋东部水温下降，使美洲出现大面积干旱，同样，它也引发太平洋西部水温上升，降水量比正常年份明显偏多，甚至引发洪涝灾害。目前，拉尼娜现象与厄尔尼诺现象都已成为预报全球气候异常的最强信号。

海难

茫茫的大海给人类带来财富和希望，也蕴藏着无数未知的危机。风暴、礁石、冰山等危险从古至今就威胁着每一艘海上的船只。“泰坦尼克号”“岁月号”……可怕的海难给人类带来过无数沉痛的回忆和伤痛。

海难

海难就是船舶在海上遭遇自然灾害或其他意外事故而导致的危难。茫茫的大海上孤立无援，一旦发生海难，船只上的旅客、船员很容易遭遇生命危险。几乎每一次海难，都会给人们带来巨大的生命和财产损失。

海难影响

虽然随着科技水平的发展，现代船只在结构、性能、通信导航设备等方面日益完善，但海难损失率仍没有下降趋势。不仅如此，由于国际贸易往来的密切，许多船只携带有大量商品货物，海难造成的经济损失和环境破坏远超从前。

沉没的“岁月号”

2014年4月16日上午，韩国一艘载有476人的“岁月号”客轮在全罗南道珍岛郡海域发生浸水事故后沉没。虽然事故发生后人们进行了救援，但只有172人获救，296人确认遇难，另有8人下落不明。

海难成因

很多因素都能导致海难的发生，如船舶搁浅、触礁、碰撞、火灾、爆炸、船舶失控等。在技术条件落后的时期，多数海难都是因为天气条件或航线状况导致的。现在，人们拥有先进的气象预测和卫星导航技术，海难也大都由人为因素产生。

“中国的‘泰坦尼克号’”——“太平轮”

1949年1月，满载1000人和许多货物的“太平轮”从上海出发，开往台湾基隆港。因为是夜间航行且没开航行灯，“太平轮”在舟山群岛海域的白节山附近与一艘载着2700吨煤矿及木材的轮船相撞沉没。这次事件导致900多人罹难，其中有众多当时的绅士名流，“太平轮”因而被称为“中国的‘泰坦尼克号’”。

海难救助

你知道吗

伤亡最多的海难

1945年1月30日，满载万人的德国籍客轮“威廉·古斯特洛夫号”在波罗的海被苏联潜艇击沉，这场海难导致9000余人罹难，是“泰坦尼克号”遇难人数的6倍多，成为世界历史上遇难人数最多的海难。

赤潮

人类向海洋中排放了大量生活污水、工业废水和农牧业废水。这些水中含有大量有机物质，它们进入海洋，会引发海水中一些浮游生物大量繁殖形成赤潮。赤潮爆发区域内海水严重缺氧，水下生物会大量死亡，变成臭气熏天的“死海”。

应对方法

对付赤潮的首要方法是控制氮、磷和其他有机物的排放量，避免海区内富营养化。一旦发生赤潮灾害，目前还没有特别有效的方法进行制止，唯一能做的是保护好个人安全，远离污染海水。目前，科学家们正在尝试用生物控制赤潮和用黏土治理赤潮。

可怕的赤潮

富营养化

造成赤潮的元凶，大多数是我们平时不加注意的微小藻类。海水中一旦被排放了大量含磷、钾的有机废水，就会产生富营养化，从而导致这些藻类爆发性生长，形成赤潮。

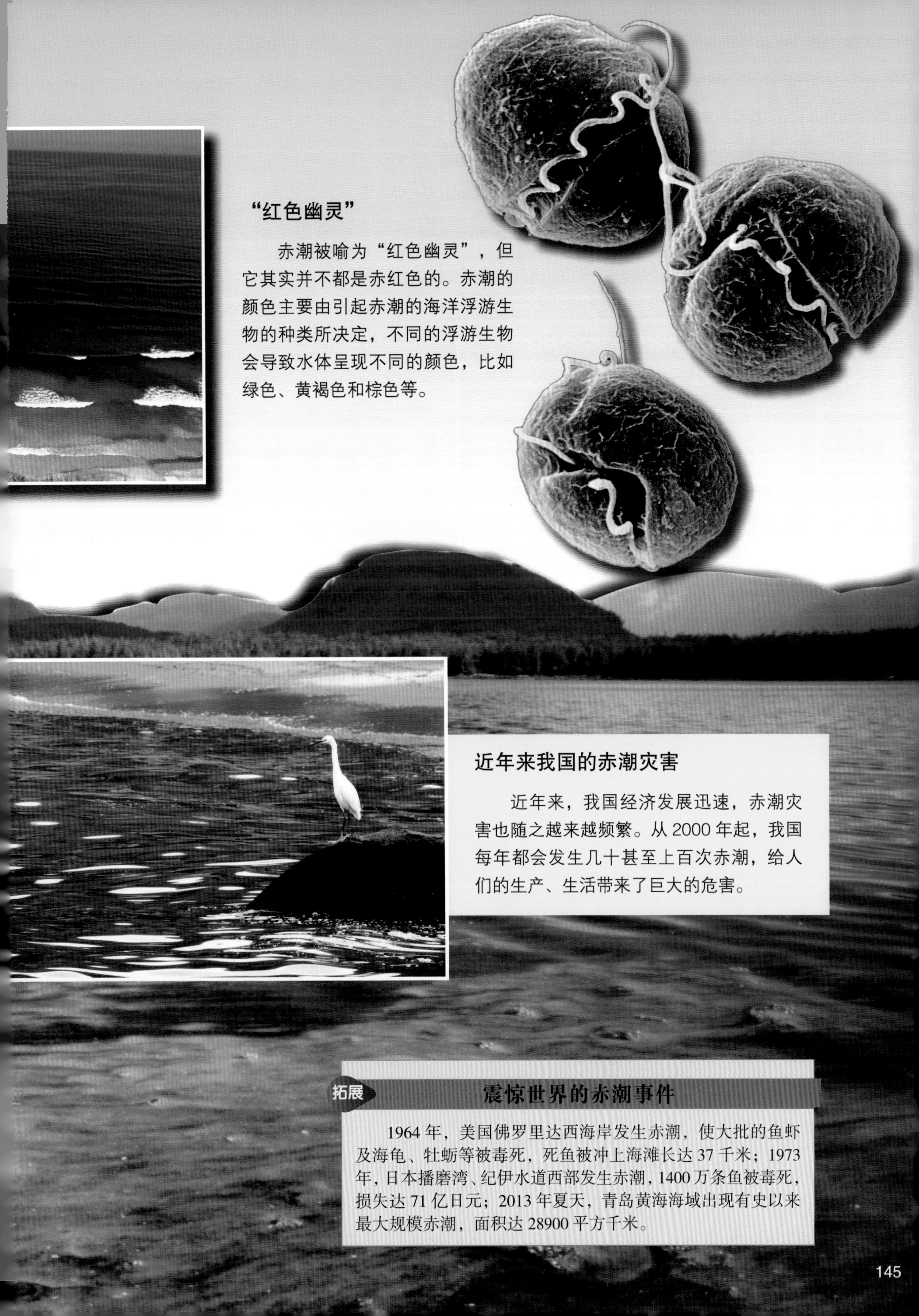

“红色幽灵”

赤潮被喻为“红色幽灵”，但它其实并不都是赤红色的。赤潮的颜色主要由引起赤潮的海洋浮游生物的种类所决定，不同的浮游生物会导致水体呈现不同的颜色，比如绿色、黄褐色和棕色等。

近年来我国的赤潮灾害

近年来，我国经济发展迅速，赤潮灾害也随之越来越频繁。从 2000 年起，我国每年都会发生几十甚至上百次赤潮，给人们的生产、生活带来了巨大的危害。

拓展

震惊世界的赤潮事件

1964 年，美国佛罗里达西海岸发生赤潮，使大批的鱼虾及海龟、牡蛎等被毒死，死鱼被冲上海滩长达 37 千米；1973 年，日本播磨湾、纪伊水道西部发生赤潮，1400 万条鱼被毒死，损失达 71 亿日元；2013 年夏天，青岛黄海海域出现有史以来最大规模赤潮，面积达 28900 平方千米。

海洋生物的“杀手”

长久以来，海洋生物一直是人类友好的伙伴，它们给人类带来了食物和营养，也维持着海洋生态的平衡。然而，人类的活动却不知不觉给许多海洋生物造成了灾难。石油污染、重金属污染、农药污染……它们已经成为海洋生物及人类的无形“杀手”。

农药污染

为了对付各种虫病灾害，人们在种植作物时喷洒了大量农药。这些农药经过雨水的冲刷、河流及大气的搬运最终会进入海洋。它们不仅会抑制海藻的光合作用，使鱼虾、贝类的繁殖力衰退，导致海洋生态失调，还能通过鱼虾、贝类等海产品进入人体，导致人体患上严重的疾病。

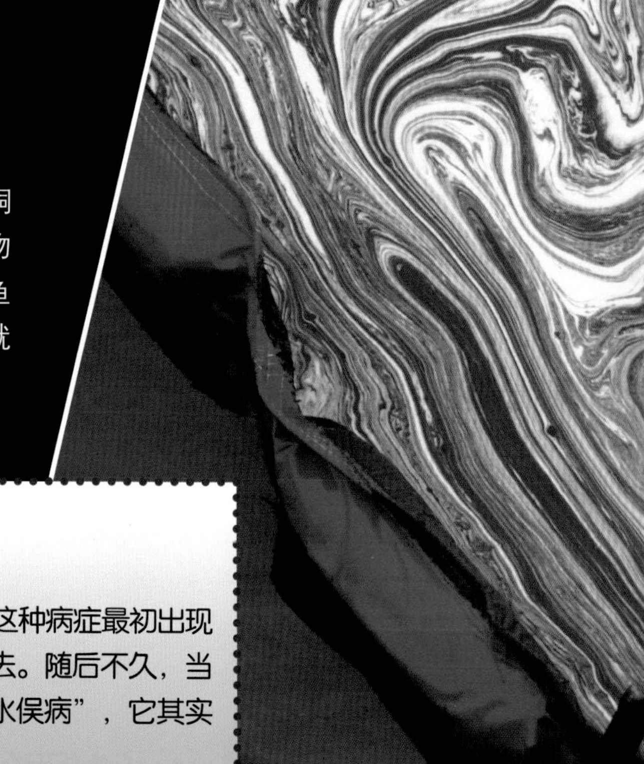

重金属污染

工业废水中携带有大量的汞、镉、铅、锌、铬、铜等重金属元素。它们一旦被排放入海，就会被海洋生物所吸收，通过食物链一级级地传递、积累，最后导致鱼虾体内含有大量重金属毒素，而最终承受污染之害的就是食用它们的人类。

海洋百科

水俣病

1956 年，日本水俣湾附近出现了一种奇怪的病。这种病症最初出现在猫身上，病猫步态不稳，抽搐、麻痹，甚至跳海死去。随后不久，当地居民也开始患上这种可怕的疾病。这种病被称为“水俣病”，它其实就是有机汞中毒，而有机汞正是农药中的常见成分。

生物富集作用

一条小鱼吸收的海水中的毒素并不多。然而，一条大鱼一生吞下了许多条小鱼，它的体内也就汇集了这些小鱼携带的毒素。这样，随着食物链一级一级增加传递，生物体内积累的毒素自然也就越来越多。人类处于食物链的最顶端，最终受到的毒害最大。

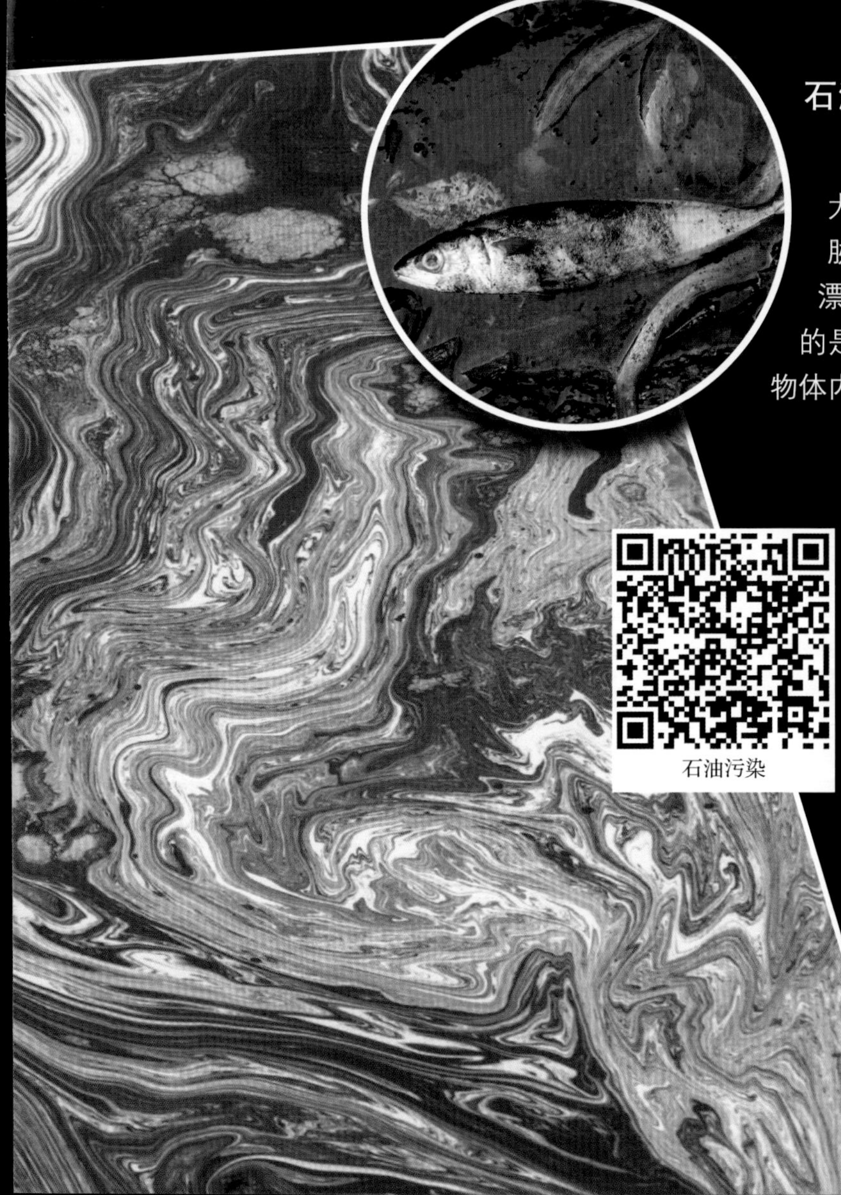

石油污染

人类在海洋中大量开采石油带来了巨大的经济效益，也给海洋带来了可怕的威胁——石油污染。石油一旦泄漏就会长期漂浮在海面，毒杀各种海洋动物。更可怕的是，石油污染物会在鱼虾、贝类等海洋生物体内积蓄，人类长期食用会危害身体健康。

石油污染

拓展 嗜油菌

墨西哥湾漏油事故给海洋带来了一场灾难。与此同时，科学家们也从这场灾难中找到了对付石油污染的利器——嗜油菌。这种细菌能够吞吃石油，是战胜这场生态灾难的“活武器”。

海洋的“报复”

人类一面从海洋中获得各种各样的资源，一面又肆无忌惮地污染和伤害着大海。愤怒的海洋母亲用海水入侵、海岸侵蚀、土壤盐渍化和咸潮等方式对人类进行着控诉与惩罚。面对大海的“报复”，我们应该反思和忏悔。

海水入侵

海水入侵源于人为超量开采地下水造成水动力平衡的破坏。海水入侵使地下水水质变咸，土壤盐渍化，灌溉机井报废，导致水田面积减少，旱田面积增加。目前，我国环渤海地区海水入侵非常严重，这是海洋对人类的惩罚。

拓展 为什么大连要建“地下长城”

因为人们对地下水的过度开采利用，海水悄无声息地入侵了大连的地下水层。人们从井里打出的都是咸水，为了解决这个问题，大连已经率先吹响了“海水阻截战”，采取建设地下水坝的办法阻止海水入侵。

合理的围海造陆

围海造陆曾被人类视为拓展城市空间的“妙策”。然而，随着对海洋了解的加深，人们发现，过度的围海造陆只能带来短期效益，长期下来反而会招致生态灾难，使成片的红树林、滩涂等自然湿地惨遭破坏。因此，围海造陆的同时千万不可忽略了对海洋以及陆地环境的保护。

海洋百科

被“吞食”的黄河三角洲

年轻的黄河三角洲曾是一块不断生长的土地。如今，这片未来的陆地却正在被渤海“吞食”。究其原因，正是人们的活动影响了黄河的流量和水位，最终导致黄河三角洲面积逐年缩小。因此，我们必须要加强黄河流域生态环境治理，给“母亲河”创造一个良好的生存环境。

被侵蚀的海岸

海岸侵蚀

海岸侵蚀就是海水动力的冲击造成海岸线的后退和海滩的下蚀。引起海岸侵蚀的原因有两种：自然原因，如河流改道；人为原因，如拦河坝的建造，滩涂围垦，大量开采海滩沙、珊瑚礁，滥伐红树林，以及不适当的海岸工程设置等。目前，海岸侵蚀已经成为一种严重的环境地质灾害。

海洋生态保护

海洋生态系统是人类、动植物、微生物和海洋环境构成的统一整体。它的稳定直接关系到整个地球的和谐发展。随着海洋开发的深入，海洋污染、过度捕捞、围海造陆、海水养殖以及乱砍滥伐红树林等活动开始对海洋生态系统产生破坏，保护海洋生态环境迫在眉睫。

建造海藻场

海藻是海洋生态系统中的核心一环。为了修复受损的海洋生态系统，人们尝试通过移栽大量海藻，为各种海洋生物提供一个温暖的繁殖场所。这种方式能够在海洋中重新建造生机蓬勃、稳定变化的生态系统。

禁止过度捕捞

为了让海洋中的鱼类有充足的繁殖和生长时间，许多国家都建立了“休渔制度”。每年在规定的时间内，禁止任何人在规定的海域内捕鱼，以此保护鱼类的生长繁衍。

你知道吗？

失败的“渤海碧海行动”

渤海的污染和生态破坏早已引起了人们的重视。为了对其进行治理，中国曾启动了“渤海碧海行动”。然而，这项历时十年的行动最终却失败了。目前渤海的生态环境依然没有好转。由此可见，想要治理海洋污染有多么不容易，我们一定要提前做好海洋生态保护。

海洋生物修复技术

海洋生物修复技术是指依靠生物特有的分解能力处理海洋污染的技术。这项技术包括加强海洋濒危物种保护和外来入侵物种防范的管理，建设海洋水生生物自然保护区和海洋水产种植资源保护区，保护与修复盐沼、红树林、珊瑚礁和海草床等重要海洋生态系统等。

合理开发海洋

海洋资源的确非常丰富。然而，如果人类不对其进行合理的开发利用，就会对海洋环境和生态系统产生严重影响，最终祸及人类自己。建立合理的海洋生物资源开发体系和良性循环的海洋生态系统，是海洋资源与环境可持续发展的首要前提。

拓展 **海洋生态补偿——我国胶州湾的事例**

胶州湾自古以来就是青岛的“母亲湾”。然而，人们无度的围填海工程导致“母亲湾”面积急剧缩小。为此，青岛市建立了胶州湾生态补偿机制，严格禁止多项不利于生态保护的生产、生活行为，防止胶州湾海域和湿地受到污染。

图书在版编目（CIP）数据

海洋资源宝库 / 丁德文，方念乔编著 . — 北京：中译出版社，2017.10（2023.2 重印）
（中国少年儿童海洋百科全书 . 第一辑）
ISBN 978-7-5001-5428-0

Ⅰ . ①海… Ⅱ . ①丁… ②方… Ⅲ . ①海洋资源—少儿读物 Ⅳ . ① P74-49

中国版本图书馆 CIP 数据核字（2017）第 235221 号

出版发行：中译出版社
地　　址：北京市西城区车公庄大街甲 4 号物华大厦 6 层
电　　话：（010）68359376　68359303　68359101
邮　　编：100044
传　　真：（010）68358718
电子邮箱：book@ctph.com.cn
总 策 划：张高里
策划编辑：吴良柱　姜　军
责任编辑：刘黎黎　顾客强　刘全银　孙　建　张思雨
封面设计：吴闲工作室
图片视频：视觉中国
印　　刷：天津奥丰特印刷有限公司
经　　销：新华书店
规　　格：889 毫米 ×1194 毫米　1/16
印　　张：10
字　　数：310 千字
版　　次：2017 年 11 月第 1 版
印　　次：2023 年 2 月第 3 次

ISBN 978-7-5001-5428-0　　定价：90.00 元